一本书读懂儿童性格心理学

李玲玲 著

中国纺织出版社

国家一级出版社
全国百佳图书出版单位

内 容 提 要

性格决定命运,拥有什么样的性格就拥抱什么样的人生。儿童期是形成好性格的关键期,所以,培养孩子良好的性格是每一位家长的重要职责,也是家庭教育中最重要的组成部分。本书为家长和孩子建立起一个沟通的桥梁,使家长能够真正走进孩子的内心,从而找到正确的教育方法,为孩子营造一个轻松愉快的成长环境,让孩子在良好的环境中养成好的性格。

图书在版编目(CIP)数据

一本书读懂儿童性格心理学 / 李玲玲著 . -- 北京:中国纺织出版社,2018.6
 ISBN 978-7-5180-4846-5

Ⅰ . ①一⋯⋯ Ⅱ . ①李⋯ Ⅲ . ①儿童心理学 Ⅳ . ① B844.1

中国版本图书馆 CIP 数据核字(2018)第 056723 号

策划编辑:顾文卓　　特约编辑:王 景　　责任印制:储志伟

中国纺织出版社出版发行
地址:北京市朝阳区百子湾东里A407号楼　邮政编码:100124
销售电话:010—67004422　传真:010—87155801
http: // www.c-textilep.com
E-mail: faxing@c-textilep.com
中国纺织出版社天猫旗舰店
官方微博http: // weibo.com / 2119887771
三河市宏盛印务有限公司印刷　各地新华书店经销
2018年6月第1版第1次印刷
开本:710×1000　1 / 16　印张:15
字数:199千字　定价:39.80元

凡购本书,如有缺页、倒页、脱页,由本社图书营销中心调换

从每个孩子的身上都能看到父母的影子

俗话说"江山易改本性难移",性格一旦形成就很难改变,而且性格对于每个人的生活、学习和工作都有着很重要的影响,关系到一个人能否更好地在社会上立足。所以,培养孩子的良好性格至关重要。要想培养孩子的良好性格,必须从小抓起。

那么究竟什么是性格呢?所谓性格就是每个人对待事物的态度和惯常的行为方式。每个人的态度和行为方式都是不一样的,也就会展现出自己的特点,而这种稳定的特点就是我们所说的性格。

曾经有一项调查研究表明,在孩子的成长过程中,孩子的学习成绩、智力发展和性格是家长们最关心的三个方面。而在这三个方面当中,最让家长头疼的就是孩子的性格问题,因为性格可以直接影响到其他两项的发展。虽然孩子的性格是人们经常讨论的话题,但是在很多的家庭中,仍然是把孩子的学习和智力发展放在首位,总是非常关心孩子的学习成绩和其他技能的培养,却忽略了孩子性格的培养。

在当今的社会中,竞争十分激烈,这也让当下的孩子面临更多的挑战和更大的压力。虽然他们有着良好的物质条件,但是他们也会出现各种各样的问题:学习成绩下降、情绪控制能力差、自卑心理强;抗压力差;社交能力差,不愿意和别人打交道,喜欢一个人待着,孤僻;容易冲动,敏感,经常会因为别人的某句话而伤心不已;做事拖拉;叛逆、自私、以自我为中心等。这些问题经常会让家长们头疼不已。所以,性格的培养就更要引起家长们的注意。

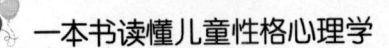

在幼儿时期，孩子的生理和心理的发展很快，是人的成长过程中很重要的一个发展阶段，同时也是情商教育的敏感时期。因此，家长们就需要根据幼儿的好奇、好动、爱模仿的年龄特点和心理特征，将性格培养贯穿在孩子的日常生活中，让孩子的身心能够得到健康的发展，让良好的性格造就一个自尊、自爱、自律、自信、乐观、开朗的孩子，让孩子健康快乐地成长。

性格有一部分是天生形成的，而相当大的部分是靠后天培养的，而在后天培养中，父母则起到了至关重要的作用。父母是孩子的第一任老师，也是最关键的老师。孩子生下来以后，会有很长一段时间都是和父母一起度过，而和父母在一起的这段时间，也是孩子成长过程中的关键时期，生理和心理都在快速地成长。这个时期他们的语言、智力、行为在飞速地发展，他们的模仿能力也在飞速地提升，但是他们却没有良好的分辨能力，所以他们就会学习父母的一言一行，无论是好的还是坏的，他们身上都有父母的影子。因此，要想让孩子有一个良好的性格，父母就要从自身做起，给孩子树立一个良好的榜样，和孩子一起共同成长。

要想让孩子养成良好的性格，家长除了树立良好的榜样，做好孩子的引导者，还要多和孩子沟通，成为孩子的朋友，走进孩子的内心世界，了解孩子的心理需求，从孩子的角度出发，争取创造一个和谐、温暖的氛围。

良好的性格对于个人的影响非常大，是成就人生重要的条件之一。家长们要注重培养孩子的性格，让孩子树立正确的人生观、培养良好的生活态度和健康的心态，为未来的成长和发展打下坚实基础。

本书将从孩子的性格特点，不同性格的表现，针对不同性格出现的问题，以及二胎家庭中孩子的性格等方面出发，帮助父母正确认识、了解孩子的性格，正确对待孩子出现的各种问题。

每个父母会竭尽全力地对自己的孩子好，想把自己的孩子培养成最优秀的那个。但这并不是一件容易的事情，因为每个孩子都是不同的，即使是天生条件很好的孩子也会出现各种各样的问题。教育孩子并不是一件容易的事情，会有很多的酸甜苦辣，但这也是生活本来的样子。当你看到你爱的那个小小的孩子变得越来越阳光、越来越自信，能够独立地面对生活的时候，你会有巨大的成就感，你在为孩子感到骄傲的时候，也会为自己感到骄傲。

目录 Contents

第一章　儿童性格大不同，每个孩子都是独一无二的 —— 001

家庭的多样性和孩子的成长 / 002

同伴关系和孩子的性格 / 005

孩子是信息的加工者、父母的模仿者 / 009

内向型的孩子 / 011

外向型的孩子 / 015

第二章　用孩子的视角看世界 —— 019

爱美的小家伙——自我意识的萌芽 / 020

为什么"老师说的永远对" / 024

"请您表扬表扬我" / 029

孩子为什么变执拗 / 034

离不开父母的"乖"孩子 / 038

你的孩子为什么那么敏感 / 043

孩子耍赖是因为可以逃脱惩罚 / 048

孩子的习得性无助 / 053

孩子的尝试与错误 / 059

第三章　正视外向型孩子的表现欲　065

孩子闯祸，父母别当"消防员" / 066

奖罚分明，让孩子明白对与错 / 069

不安分的孩子，应该正确引导 / 075

顽皮的孩子，从搞破坏到爱创造 / 079

好胜的孩子，争先并不是坏事 / 082

爱出鬼点子的孩子，思维能力超常 / 085

倔强的孩子，好胜要强 / 087

爱捣蛋的孩子，精力充沛 / 091

给孩子封"官"，发挥其领导力 / 093

和谁做朋友，让孩子自己决定 / 097

第四章　妈妈的乖宝宝，内向型孩子需要引导　101

自卑的孩子太羞涩，不敢表现 / 102

胆怯是因为孩子太脆弱 / 106

面对过于自我的孩子 / 110

小拖延是大问题 / 113

孤僻的孩子，不喜欢被打扰 / 117

孩子把什么事都藏在心里 / 120
用陪伴和鼓励帮孩子克服恐惧 / 124
创造机会,"帮"孩子交朋友 / 129
信任是对孩子最好的鼓励 / 134
鼓励孩子多开口,让孩子爱上说话 / 137
别急,给内向型孩子一些时间 / 140

第五章 不叛逆不童年,儿童逆反的心理根源 —— 145

叛逆:对着干,你说东他偏往西 / 146
孩子的无理取闹,要温和而坚决地制止 / 150
创造情境,让孩子学会尊重别人 / 154
狡辩不认错的孩子,需要循循善诱 / 158
人小鬼大,三岁的孩子也"叛逆" / 162
孩子的沉默,可能是无声的抗议 / 165
当孩子和家长对着干时,试着让他做选择 / 168
不妨蹲下来,与孩子平等对话 / 171
别跟孩子较劲,关键时刻要适可而止 / 175
看穿孩子骄傲背后掩藏的自卑 / 178
孩子夸张的行为,只因想引起大人的注意 / 181

第六章 告别坏性格,培养好性格 —— 185

忧郁,"人家就是高兴不起来嘛" / 186

易怒,"一言不合就暴跳如雷" / 189

敏感,"我容不得半点批评" / 193

任性,"我偏要这样" / 196

独立,让孩子懂得自尊自爱 / 201

关爱他人,让孩子学会感恩 / 205

顽强乐观,遇到挫折不哭鼻子的孩子 / 209

善良,能够温暖他人的小天使 / 211

第七章　二胎时代,两个孩子的性格心理　——215

想生二胎,要先做好任性老大的工作 / 216

孩子高兴赞同,父母也不能偏心 / 220

对大孩子不要隐瞒而要沟通 / 223

"凭什么要让着他" / 227

有了老二之后,应给老大同样的爱 / 230

第一章
儿童性格大不同，每个孩子都是独一无二的

世界上找不到两片完全相同的叶子，也找不到两个性格完全一样的孩子。孩子的性格在理论上只有几种，但是因为受到各种因素的影响，每个孩子的性格也千差万别。不同的家庭、不同的教育方式、不同的父母都会对孩子的性格形成造成很大的影响。下面我们就来认识一下不同性格的儿童以及他们性格形成的各种原因。

家庭的多样性和孩子的成长

宝妈：我是一个单亲妈妈，我家的孩子非常的叛逆，我一个人辛辛苦苦带他，就是希望他能够好好学习，能有一个好的将来。可是他却不能体会到我的苦心，现在刚刚上一年级，就不好好学习，总是和小朋友们打架；在小区里也十分蛮横，小朋友们都躲着他，不和他玩。看到孩子这么叛逆真是太伤心了。

单亲家庭的孩子有些是存在这方面的问题，他们缺少父母一方的爱，会对他们的心理造成很严重的影响，他们的个性也会发生变化。因为是单亲，单亲家庭中的爸爸或妈妈觉得对孩子有所亏欠，就会竭尽所能地爱孩子、给孩子最好的。虽然家长付出的很多，但是孩子并不能理解。由于家庭不健全，他们在面对其他小朋友的嘲笑的时候，心理会变得非常脆弱，内心会产生自卑，他们会用叛逆来掩饰这种自卑。除了单亲家庭，重组家庭、家庭成员较多的家庭中的孩子也可能会出现这样的问题，家庭的多样性对于孩子的成长会带来很大的影响，在多样性的家庭中，父母一定要注意孩子的心理教育。

在小胖三岁的时候，父母离婚了，小胖和妈妈一起生活。因为缺少父爱，所以妈妈就想给小胖最好的物质生活，以此来弥补他父爱上的缺失。所以，妈妈每天拼命工作，努力挣钱。因为是一个孩子，妈妈总是把小胖一个人放在家里，妈妈不会让小胖一个人下楼，担心他出意外。总是一个人待在家里的小胖因为缺少和外界接触的机会，所以性格非常孤僻，不喜

第一章 儿童性格大不同，每个孩子都是独一无二的

欢说话，见到陌生人的时候非常的害羞，总是躲在妈妈的身后。眼看小胖就到了上幼儿园的年龄，妈妈很担心小胖的这个性格适应不了幼儿园的生活，于是就带着小胖去看了心理医生。

心理医生建议小胖的妈妈多带小胖出去见见人，多让小胖和同龄的孩子一起玩，逐渐打开他的心扉。

听到心理医生这么说，小胖妈妈决定换一个轻松点的工作，这样就可以有时间多陪陪孩子，还能够带着孩子多出去。

一天，妈妈下班带着小胖在小区里玩，因为不是经常出来，小胖对周围的一切都充满了好奇，但同时也非常的胆怯，显得小心翼翼的。

当母子俩正在玩的时候，突然跑过来一个小男孩和一个小女孩，这两个小孩子非常的热情，拉起小胖的手要和他一起玩，小胖吓得躲到了妈妈的身后。

一个小男孩用很稚气的声音说："小弟弟，你怕什么啊，和我们一起玩好不好？"

小胖仍然躲在妈妈的身后不肯动，而且还非常警觉地看着他们。

小男孩很不解地问："阿姨，小弟弟怎么了？我们想和他一起玩。"

妈妈轻声地对小胖说："小胖，不要怕，小哥哥和小姐姐只是想要和你一起玩，你和他们一起玩好不好？"

在妈妈的轻声安抚之下，小胖慢慢放下了警戒之心，慢慢地从妈妈的身后走出来。

这个时候小男孩高兴地说："你好，我是007，她是008，我们现在邀请你加入我们的战队，成为我们的一员好不好？"

站在一旁的小姑娘也非常热情地看着小胖，小胖看了看妈妈，妈妈笑着点了点头。小胖对着小男孩轻轻地点了点头。

小男孩非常高兴，他伸出小手，对小胖说："欢迎你009。"说着就拉着小胖的手一起玩去了。

在这之后，小区里总是能够看到这三个孩子欢快的身影，小胖逐渐变得开朗起来，也顺利进入了幼儿园。

专家解读：

很多单亲家庭的家长因为忙于工作，会把孩子一个人放在家里，孩子总是一个人待在家里，缺少和外界的接触，就会变得寡言少语，性格就会变得内向，这对他们的成长是非常不利的。除此，他们会认为为什么别的小孩子可以出去玩耍，而自己只能一个人待在家里，为什么自己会和别人不一样，这样的心理变化也会影响到孩子的成长。所以，单亲家庭中的父母在给孩子提供最好的物质生活的同时，也要多陪伴孩子，多关注孩子的精神世界和他们的心理。

在心理学上，认为孩子的问题是个别化使然，或者是对关系特定性的反应方式，家长们要想解决好孩子的问题，首先要和孩子建立一个良好的关系。在这种良性的关系中，父母会比较有耐心，会容忍孩子在成长过程中出现的问题，会积极地引导孩子往正确的方向上发展。

在引导孩子朝着正确的方向发展的时候，我们首先应该先了解一下孩子的性格特点，根据孩子的性格特点，采取正确的方法。

孩子的性格大致分为以下几种：

一种是表现型。这种性格的孩子活泼、开朗、爱说、好动，其性格特点是思维活跃、反应灵敏，自我表现欲和交往能力强，口语表达能力也很好；但是，自制力较差，做事没耐性，喜欢东张西望。

一种是思考型。这种性格的孩子温柔、听话、善于思考，其特点是自尊心强、有主见，凡事心中有数，做事有条理，有耐心、认真。但是非常爱面子，即使是做错了事情，也不能当面批评，否则就会伤害到他们的自尊心。

一种是指导型。这种性格的孩子调皮、专横、喜欢捣蛋，其特点是适应能力比较强，敢说敢做，具有超强的创造性，不人云亦云，有自己的个性，十分讲"义气"，喜欢为朋友出力，但不喜欢遵守规则，我们看到的那些所谓的"孩子王"，基本上都是这种性格。

第一章 儿童性格大不同，每个孩子都是独一无二的

还有一种是亲切型。这种性格的孩子孤僻、胆小、不喜欢讲话，其性格特点是做事情比较稳，规则性比较强，做事情的时候不容易出差错，专注能力很强，十分听话，他们的缺点是做事情的时候不喜欢和别人一起做，也不爱人际交往，喜欢独来独往，表现欲望不强，不喜欢把自己的想法告诉别人，什么事情都藏在自己的心里。

这些性格的形成除了孩子自身的原因之外，和很多外界因素也有着很大的影响，就比如案例中的小胖，就是因为受到了家庭环境的改变，而形成了胆小、不喜欢和别人交流的性格。所以，作为父母尽力要给孩子创造一个良好的家庭氛围。要和孩子多些沟通，少些溺爱，真正地关心孩子，知道孩子内心真正缺少的是什么，而不是一味在物质上进行满足。

家庭对于孩子的影响是非常大的，当孩子出现了问题，家长们最好是先审视一下自己的家庭关系，是不是自己的家庭关系给孩子带来了不良的影响。如果是家庭关系出现了问题，要抓紧时间去解决出现的问题。

同伴关系和孩子的性格

♪ **宝妈**：我家孩子事儿特别多，和小朋友在一起的时候总是挑人家这个毛病那个毛病，她总是无缘无故地发脾气，稍微有一点儿不顺心就生气不和人家玩了；前一两次的时候，小朋友们都让着她，可是过了一段时间，

就没人愿意和她玩了。因为无缘无故地哭起来，经常会让其他小朋友莫名其妙，渐渐地也就疏远她了。她的朋友越来越少，孩子这样下去可怎么办啊？

同伴关系对于孩子的成长十分重要，良好的同伴关系对孩子的好性格形成也有着很大的帮助。所以，家长们一定要帮助孩子营造一个良好的同伴关系，让孩子尽可能多交一些朋友，让他们在和同伴的交往中塑造好性格，改变不良的性格。

真真是由奶奶带的，因为奶奶年纪大，不能经常带着真真下楼，因此真真总是一个人待在家里，一个人玩。真真的朋友也很少，因为没有伙伴，所以真真的话特别少，不喜欢和他人交流，性格也很内向，有的时候家里来客人了总是会躲到大人的身边，而且非常依赖他人，做什么事情都要大人帮她去做。因为父母总是忙于工作，并没有注意到真真在性格上存在的问题，直到真真上了幼儿园，父母才发现不对劲。

第一天上幼儿园的时候，真真非常不愿意去，爸爸妈妈连哄带骗，才将真真送到了幼儿园。在父母离开的时候，真真是眼睛里含着泪水看着父母离去的。看着自己女儿委屈的模样，真真的父母也是很不舍，但还是狠下心离开了。父母认为过一段时间可能真真和小朋友能够玩到一起就好了，可是事情并没有想象的那么顺利。

第一天从幼儿园回来，真真就趴到了妈妈的怀里，在妈妈的怀里大哭，妈妈问真真怎么了，真真也不说话，就是抱着妈妈大哭。第二天，真真说什么也不去幼儿园，虽然爸爸妈妈把她带到了幼儿园，可是真真说什么也不下车，就是不去。爸爸妈妈只好

第一章 儿童性格大不同，每个孩子都是独一无二的

强硬地把她放到了幼儿园里。

在这之后，真真回到家也不哭不闹，而是变得很不爱说话，回来就一个人躲到自己的房间，也不愿意和爸爸妈妈说话。这让父母非常担心，于是真真妈妈就找到了幼儿园的老师。

幼儿园的老师说，真真在幼儿园的时候总是一个人待着，不和其他的小朋友玩，有的时候和小朋友玩了一会儿之后就生气地走开了，有的时候还无缘无故就哭了。因为这样，所以小朋友都不愿意和她玩，真真总是看着其他小朋友开心地在一起玩，而自己则是孤孤单单地坐在一旁。真真上幼儿园的这几天都是这样。

真真的妈妈了解到这个情况之后意识到了问题的严重性，在各方求证之后，妈妈找到了解决真真这个问题的办法——多引导真真去和小伙伴玩，改变对真真的教育方式，不再溺爱孩子，多陪孩子，多和孩子交流，真正了解孩子的内心想法。

于是真真妈妈在闲着的时候就会带真真下楼，尽量让她和楼下的小朋友玩。有的时候真真和小朋友闹矛盾了，妈妈也是耐心地解决，还经常带真真去游乐园、植物园，带真真开阔视野，让真真接触到外面的世界，接触到更多的人。而且妈妈开始真正关心起了真真，会经常和真真参加一些亲子活动。在亲子活动中，妈妈也尽量引导真真去和其他家庭的孩子交朋友。真真也交到了很多的朋友。

因为多了很多朋友，真真变得开朗起来，不再害羞，不再胆小了，不再总是无缘无故发脾气，也不会因为一点不如意就大哭大闹。而且真真还爱上了去幼儿园，每天都是开开心心的。

专家解读：

人是群居性动物，需要和他人交流、打交道才能更好地发展下去。如果总是一个人，没有社交活动，那就会被社会所淘汰。良好的社交关系对于人的发展至关重要的，对于孩子来说也是如此，如果从小就能建立一个良好的同伴关系，可以让孩子的童年更加快乐、更加阳光。

案例中的真真因为和奶奶生活在一起，接触外面的世界比较少，也很少和其他的小朋友接触，才会变得很内向，同时由于缺少和他人的交流，便会非常的自我，会受不了和其他人分享东西，也会受不了一点点的委屈。这也就是为什么在刚开始的时候没有人愿意和她玩的原因。试想一下，谁愿意和一个总是爱生气，什么都以自我为中心的孩子玩呢？

同伴关系是年龄相近或相同的孩子之间的一种共同学习、运动、游戏等活动且协作的关系。良好的同伴关系有利于孩子的健康成长，能够促进孩子的社会技能的提升和认知的发展，对于孩子性格、品格、行为、习惯的形成都有着很大的影响。

在孩童时期如果能建立起良好的同伴关系，便能让孩子对自我有一个正确的认识。能够交到朋友被同伴所接纳对于孩子来说是非常重要的。如果在孩童时期不能够被同伴所接受，总是被孤立，就会影响到孩子心理的健康发展。因为如果孩子总是被孤立的话，他们的内心就会非常的自卑，而且这种自卑感还会伴随到他们成年之后，对他们以后的生活也会有很大的影响。所以，良好的同伴关系对于孩子是非常重要的，能够让孩子感知到除了父母之爱以外的另一种亲密协作的关系。

营造良好的同伴关系，对于孩子的身心健康发展非常有利，家长们一定要重视起这个问题，多学习，多努力，多为孩子创造交朋友的条件。

第一章 儿童性格大不同，每个孩子都是独一无二的

孩子是信息的加工者、父母的模仿者

宝妈：我家孩子今年三岁了，听朋友说这时孩子正是处于模仿的时期，作为家长一定要注意自己的言行举止，因为父母的一举一动对孩子有着很大的影响。真的是这样吗？

确实如此，孩子父母是孩子的第一任老师，也是孩子最重要的老师。孩子生下来之后父母就成了他们最亲密的人，他们见到最多的也是自己的父母，和自己的父母待的时间也是最长的。父母的一举一动所传达出的信息，被孩子接收，他们年龄还很小，不懂得去分辨，就直接将其全盘接收，他们就会去模仿父母的各种行为。可以说孩子是信息的加工者、父母的模仿者。

小张是一个性格很随和的年轻爸爸，很少发脾气，见到人的时候总是笑呵呵的，知道关心他人。因为爸爸平时总是嘻嘻哈哈的，所以儿子贝贝也总是嘻嘻哈哈的，遇到事情的时候也不急。

有一次，妈妈因为心情不好哭得很伤心。当时的贝贝刚刚上幼儿园，看到妈妈坐在沙发上哭，他没有像其他小朋友那样着急，也没有像其他小朋友那样被吓哭，而是非常淡定地安慰妈妈，让妈妈别哭了。在劝说无果的情况下，贝贝淡定地说了一句："妈妈，您别哭了，您陪我玩玩具吧。您看我的这辆小车……"

妈妈听到贝贝的这句话，气瞬间就消了一半，她没有想到儿子小小的年纪竟然会哄自己，便有些开心，将刚才生气的事情抛到了脑后。

小张也有一个缺点，那就是做什么事情都不喜欢一气呵成，总是喜欢歇一会儿再干。别人半个小时就能拖完的地，但是小张却可以干上半天。干一会儿，歇一会儿，如果电视上有精彩的球赛，就会先去看球赛，然后再回来接着干。

贝贝呢，在写作业的时候不能够专心致志地将作业一气呵成。写作业的时候，总是写两个字就去看会儿课外书，要不就是和妈妈说会儿话，要不就是玩会儿玩具。本来一个小时就能完成的作业，总是要半天才能完成。

小张还有一个不好的习惯，就是特别喜欢咬指甲，平时看电视、玩手机或者是专注地做一件事情的时候，总是会咬着大拇指的指甲。而他的这个习惯也被贝贝模仿了下来，贝贝在看书的时候总喜欢咬着大拇指，父子俩坐在沙发上咬着手指看电视的时候就犹如一个模子刻出来一般。

专家解读：

可以说贝贝就是父亲的缩小版，他身上的一言一行也反映出了家长的言行举止。父亲是一个暖男，会经常让着自己的老婆，会经常让自己的老婆开心，所以贝贝也会学着父亲的样子让着妈妈，听妈妈的话，哄妈妈开心。爸爸遇到事情不会着急，很淡定，这样的表现也"传染"给了自己的儿子，贝贝才会在妈妈哭得伤心的时候淡定地说出让妈妈破涕而笑的话。爸爸做事情的时候拖拖拉拉，儿子看在眼里，也会学着父亲的方式去做事情。我们可以看出家长的言行举止对于孩子有着很大的影响。所以，为了让你的孩子能够有一个良好的性格，家长们要从自身做起，让自己先有一个良好的性格。

父母是孩子最初的模仿对象，也是很长时间内唯一的模仿对象。而这段时间对于孩子的性格形成有着很大的关系，所以家长们一定要利用好这段时间，从自身做起，为孩子做一个好榜样，帮助孩子养成良好的性格。

模仿是学习的开始，在孩子的模仿时期，可以说父母的言行对于孩子来说相当重要。当孩子还没有长大时，他们是不能够区分好坏的，他们也

第一章　儿童性格大不同，每个孩子都是独一无二的

不会懂得"取其精华去其糟粕"，无论是父母的优点和缺点，孩子都会去模仿，就像案例中的贝贝。所以，家长们在孩子的面前一定要注意自己的言行举止，尽可能纠正自己的不良习惯，尽量让孩子在遇到其他模仿对象之前让自己变得"完美"。

> 为孩子树立一个良好的榜样十分重要，妈妈除了要注意自己的言行，还要督促爸爸在言行上给孩子良好的影响。

内向型的孩子

宝妈：我家孩子不喜欢说话，也不喜欢和别人交往，特别到外面的时候就更不爱说话了。人家的孩子家里来了客人总是"叔叔、阿姨"叫个不停，和客人聊天。可我家的孩子让她和客人打个招呼都费劲，更别提和人家聊天了。让她打个招呼总是吞吞吐吐的，有的时候真的是替她着急。

这是大多数内向型孩子的表现。内向型的孩子大多不善言谈，他们不喜欢和除了家人以及亲密的朋友之外的人接触。他们不擅交际，不善言谈，不会主动去和小朋友玩，让人很难接近。但是他们在熟悉的人面前却

非常健谈，总是有说不完的话。内向型的孩子多半都是慢性子，他们天生敏感，喜欢流眼泪，爱思考，爱幻想，喜欢按照一定的规律去生活，不喜欢改变，当原有的生活发生改变的时候，他们往往会表现得非常的焦虑。内向型的孩子也有自身的优点，那就是他们的脾气好，而且很善良，富有同情心。

悦悦是一个非常内向的孩子，非常的胆小，平时家里来个客人，她总是害怕地躲到妈妈的身后。平时在小区里看到同龄的小朋友，也不敢主动去和人家打招呼，非要在妈妈的陪同下，才会胆怯地和人家去打招呼。也只有在妈妈的陪伴下，她才能和小朋友玩一会儿。她总是黏着妈妈，是妈妈的小跟屁虫。这也让妈妈非常担心，担心她上幼儿园会不适应幼儿园的生活。

在刚刚开始上幼儿园的时候，悦悦确实不太适应，她不敢和小朋友打招呼，上课的时候不主动和老师互动，总是安安静静地坐在那里，其他的小朋友也不和她说话，因此刚开始的时候悦悦显得非常孤单。

第一章 儿童性格大不同，每个孩子都是独一无二的

悦悦虽然很内向，但她非常善良，喜欢帮助人。当有的小朋友不小心摔倒出糗的时候，其他小朋友都会哈哈大笑，但是悦悦不会，她会扶起摔倒的小朋友，帮小朋友拍掉身上的土。如果小朋友哭了，她虽然不会用语言去鼓励，但是她会给小朋友一个微笑，让小朋友感到很暖心。其他小朋友没带文具的时候，她也会主动把自己的文具借给他们，每次别人找她帮忙的时候，她也会非常热心地帮助他们。除此之外，悦悦不会去和其他的小朋友抢玩具，她正在玩的玩具如果别人想玩，她也会让给其他人。而且悦悦很少发脾气，即使是不高兴了，也不会和小朋友大吵大闹。时间长了之后，小朋友们就都非常喜欢悦悦，也愿意和悦悦一起玩。而悦悦在其他小朋友的带领之下，也变得越来越开朗，脸上的笑容也变得更加灿烂了。

**专家解读：**

悦悦的确是一个很内向的小姑娘，她胆小害怕，不敢主动和其他的小朋友打招呼，但是她凭借着内向型性格独特的魅力，感染了很多人，让其他的小朋友都了解她，从而愿意和她玩，而悦悦也因此交到了更多的朋友。可以说悦悦的性格是集内向型性格的优缺点于一身的，既有内向型性格的胆小、害羞、懦弱、不善交际，又有着善良、热心的品质。所以，当你家有一个内向型的孩子的时候，不要只是看到他身上的缺点，也要及时发现他身上的闪光点，加以正确的引导，让他的性格能够得到一个良性的发展。

造成孩子内向的原因主要有先天遗传和后天环境因素的影响。

先天遗传主要是孩子父母中有性格内向的人，孩子也会遗传这种性格。而后天因素则包括家庭环境、父母的教育方式、心灵上受到过的影响等。我们可以看到，那些父母过于严厉或者是父母保护过度的孩子，性格都很内向。因为父母总是很严厉，孩子就会非常小心，担心自己犯错会受罚，他们就会选择沉默，不去说话，他们不会自己去决定做什么，做什么之前都要先征得父母的同意。而家长过度保护的孩子也是如此，他们从小生活在蜜罐当中，什么事情都有父母帮着解决，他们就不会自己想着去

做什么事情。他们不用去担心人际关系，不用担心没有朋友怎么办，因为所有的事情都有父母帮着解决。这样下去，他们的内心世界就会越来越封闭，变得内向起来。家长们要根据不同的原因，找到相应的办法去解决问题。家长应当多引导孩子去和他人交朋友，用开放式的教育方法，和孩子成为朋友，打开孩子的心灵，让孩子变得活泼起来。

内向是有真假之分的，真内向和假内向有着明显的区别。

假内向的孩子表现通常是在熟人面前很健谈，但是在陌生人面前却判若两人，变得沉默寡言，有的时候还会因为胆怯脸变得通红。但是，在他们的内心深处是很想融入进去的，他们也是很希望能够和别人进行交流和接触的，他们只是不好意思主动与人交流而已。

真内向的孩子则恰恰相反，他们在任何人的面前都是不喜欢说话的，他们喜欢独处，不喜欢热闹，不喜欢和陌生人接触，也不喜欢除了自己以外的世界，哪怕是和陌生人打个招呼，对于他们来说都是非常艰难的一件事情。他们的兴趣点很高，很少有事情能够激起他们的兴趣，他们非常执着，不愿意去改变自己内心的想法。

给家长的话

内向型的孩子并不是人们看到的那样难以接近，他们只是喜欢一个人待着，喜欢尽量待在自己的世界当中。但有的时候，他们的内心也非常渴望和外界接触，他们也想像其他人一样健谈，能够很快融入周围的环境当中，他们需要的是时间，需要的是克服心理上的障碍。家长们应该做到的是不要强硬地打开孩子的内心世界，将他们强行拉到他们不喜欢的世界中。要想让他们更好地融入现实社会，就需要多一点耐心，多给他们一点时间。

第一章 儿童性格大不同,每个孩子都是独一无二的

外向型的孩子

🎵**宝妈**:我家孩子真的是太外向了,对谁都很热情,家里来客人的时候,他总是和人家聊个不停,有的时候还表现得很疯狂,当着客人的面各种"胡闹"。还特别爱表现自己,只要给他一个舞台,他就能够将他所学才艺全部展现出来。真不知道这个孩子怎么会有这么大的精力。

外向型的孩子精力充沛,他们热情好客,总能够让人开心;他们性格直爽,自来熟,很快就能和他人打成一片;他们有着很强的表现欲望,总是想要将自己学到的、知道的展现出来,以此来吸引他人的目光;他们活泼好动,在陌生人面前总是闲不住,有的时候也会因此遭到父母的批评。外向型的孩子总是能够很快吸引众人的目光,他们乐观开朗的态度也会感染很多人,让更多的人追随他们。但是,外向型的孩子也是有缺点的,外向型的孩子自控能力比较差,经常会忍不住表现自己,经常因为表现过头遭到别人的反感,缺少耐性,经常是三分钟热度,喜欢发脾气,经常是点火就着。

丰丰是一个活泼好动、热情四射的小男孩。家里来客人的时候,总是会"叔叔,阿姨"的叫不停,还会拉着客人的手说不停,同时还喜欢表现自己。有的时候,妈妈让他表演个才艺,他也是毫不怯场,积极主动地去展现。

有一次,妈妈的同事来家里做客。阿姨刚进门的时候,他站在门口,非常热情地和阿姨说:"阿姨好,欢迎来我家做客。"阿姨非常的高兴,直

夸丰丰是一个懂礼貌的小家伙。等到阿姨坐下之后,丰丰一会儿给阿姨倒水,一会儿给阿姨拿零食,还帮阿姨打开电视,帮阿姨调到她喜欢看的频道。丰丰热情的表现得到了阿姨的赞扬。妈妈看到丰丰这么懂事,心里也十分高兴。不仅如此,丰丰还拉着阿姨去参观他的房间,给阿姨讲故事,和阿姨说个不停。

吃过午饭之后,妈妈对丰丰说:"丰丰,你给阿姨打个架子鼓吧,就打你最近学习的那一首吧。"

听到妈妈这么说,丰丰二话没说就走到了自己的房间,打开架子鼓,调好音响,拿出鼓槌,端端正正地坐到了架子鼓前,准备表演。丰丰还开玩笑地说:"掌声在哪里,掌声响起来我的鼓声才能响起来啊。"阿姨和妈妈被丰丰逗得哈哈大笑,一边笑一边给丰丰鼓掌。丰丰很认真地敲起了鼓。妈妈高兴地点着头,阿姨也被丰丰的热情所感染,总是不时地为丰丰鼓掌,丰丰在掌声的鼓励下打得更加卖力了。一会儿,一首曲子就打完了,阿姨也到了该回家的时候。也许是意犹未尽,丰丰不让阿姨走,硬要给阿姨再打一首,阿姨只好又待了一会儿。到丰丰打完一首之后,阿姨要离开,丰丰仍然不让阿姨走,非要给阿姨再唱一首歌,说什么也不让阿姨走。眼看着天色越来越晚,阿姨的脸上露出了尴尬的表情。

妈妈对丰丰说:"丰丰,阿姨该回家了,等到阿姨下次来,丰丰再给阿姨唱歌好不好。"

丰丰:"我不要,我就要现在给阿姨唱歌。"紧紧拉着阿姨的手不松。

妈妈只好强硬地将丰丰的手拽开,让阿姨先走了。阿姨走后,丰丰非常生气,和妈妈发起了脾气。

专家解读:

丰丰的性格开朗,活泼好动,懂礼貌,能够让客人感到高兴,而且毫不怯场,能够轻松自如地在客人面前进行表演。他的这种性格能很快得到大家的认可。但是丰丰的身上也有着外向型性格人的缺点,那就是自控能力很差,表现得过了头。在妈妈和阿姨的赞扬声中,丰丰的心理得到了满

第一章　儿童性格大不同，每个孩子都是独一无二的

足，为了得到更多的赞扬，他就卖力地表现自己，直到客人要走了，他还是要坚持表演，最终让客人很尴尬。外向型的人是不知道适可而止的。而且丰丰的脾气也很大，当客人走后，他就大发脾气，因为他的表演欲望没有得到满足。可以说丰丰是一个典型的外向型性格的人。

性格外向型的孩子总是具有强大的吸引力，他们似乎和每个人都能很好地聊到一起去；他们懂礼貌，经常能够获得他人的认可和欢迎。外向型的孩子是不缺少朋友的。

外向型的孩子总是不断地更换身边的朋友，每天都会花很多时间和朋友在一起，享受朋友带给他们的乐趣。虽然外向型孩子的朋友很多，但是他们却不能够很好地说出每个人的性格特点、每个人的兴趣爱好，或者是每个人的优缺点。虽然朋友很多，但是不见得他们的友谊有多深。

外向型的孩子能够和不同的人交朋友，因为不同的朋友可以满足他们好奇、寻找新鲜和刺激的心理。交到的朋友性格差异越大，他们的这种心理就越能够得到满足。因此，在外向型的孩子身上会存在着一个特点——贪图多样化的选择。交到各种各样的朋友是外向型孩子最大的乐趣，他们可以和不同的人在一起玩，在一起体验不同的事情，这些能够让他们非常的开心。但是，外向型的孩子虽然朋友很多，但是他们之间的友谊却不能够维持很长的时间，因为他们的耐性差，如果和这个人玩得不开心了，他们就会重新去寻找新的朋友，而疏远原来的朋友。除此之外，外向型的孩子虽然看似很开朗，什么都和别人说，但是他们会把自己真正的想法藏在内心深处，不会去和朋友分享自己内心的真实想法或者是经历。从心理根源上来讲，这样的孩子是冷漠的，他们不懂得如何面对深层的感

情或感受，因此干脆就不去探究，自然也就不会与人交流。这样建立起来的人际关系，可以形容为一种没有根的关系，很难经得起时间或危机的考验。所以，家长们一定要注意引导外向型孩子建立良好的人际关系。

外向型的孩子虽然人见人爱，但在他们的性格当中也存在弱点。所以，面对外向型的孩子，家长们需要做一些针对性的引导。

第二章
用孩子的视角看世界

随着孩子不断长大，他们渐渐有了自我意识，会不断进行探索，会重视自己，会用各种方式来证明自己的存在，他们会在意别人的看法，会渐渐敏感起来，他们也会通过耍赖的方式来逃避惩罚和责任。在这个过程中，他们会有自己的想法，会有自己的思考，他们会用自己的视角去看世界，会用自己的方式去探索世界，他们会不断去尝试，也会不断地犯错。对于孩子来说这是认知世界的过程，对于父母来说这是一个艰辛的过程。但是，家长们一定要有足够的耐心和耐力，帮助孩子渡过这个阶段，这样才能让孩子拥有一个自信、积极、活泼开朗、勇于承担责任的性格。

爱美的小家伙——自我意识的萌芽

宝妈：女儿上幼儿园了，最近真的是越来越爱美了，常常偷偷擦我的口红、穿我的高跟鞋，给她买的衣服她总是说不好看，不愿意穿。这么小就这么爱打扮，长大了可怎么办啊？

当孩子长到一定年龄的时候，他们的自我意识开始萌芽，注重自己的外表是很正常的事情，妈妈不需要太多担心。与其担心，还不如和孩子一起"美"起来，让自己和孩子成为时尚潮人。

芽芽现在3岁了，刚刚上幼儿园，和许多爱美的小朋友一样，特别喜欢打扮自己，总是要穿漂亮的裙子，戴好看的发卡，而且每次打扮好之后都要在镜子前照很久，每次出门前都要为穿衣打扮磨蹭一段时间。

一个周末，妈妈要带芽芽去参加同学聚会。

妈妈："芽芽，明天妈妈带你去参加妈妈的同学聚会。"

芽芽："同学聚会是干什么的？"

妈妈："就是妈妈上学时候的同学一起聚会，就好像芽芽跟现在上幼儿园的好朋友一起玩一样。"

芽芽："那会好多的人吗？"

妈妈："当然了，会有好多的叔叔、阿姨，他们也会带着自己的孩子，到时候也会有好多的小朋友和芽芽一起玩，芽芽高兴吗？"

芽芽高兴得又蹦又跳，边跳边说："太好啦，明天可以和小朋友一起玩啦。我一定要穿得漂亮点。"

第二天,芽芽很早就起来,开始在自己的衣柜里翻来倒去地找衣服,最终选择了一件漂亮的公主裙,又找出了一双小皮鞋,将衣服穿好之后,就跑过去找妈妈。

"妈妈,你看我穿这个漂亮吗?"

妈妈惊讶地说:"芽芽真是太漂亮了,就像个小公主,可是妈妈带你只是去参加个聚会,芽芽是不需要穿这么漂亮的裙子的。我们穿一些简便的衣服,到时候和小朋友一起玩也方便啊。"

芽芽撅着小嘴说:"我不要,我就要穿这个裙子。"

妈妈:"听妈妈的话好不好,我们去换一身简单的衣服。"

芽芽:"我不嘛,穿这个裙子漂亮,我就要穿这个。"

妈妈:"这个裙子等到芽芽幼儿园年会的时候我们再穿,现在我们先穿别的好不好?"

芽芽仍然坚持要穿,最后甚至委屈得哭了起来。妈妈无奈之下只好放弃了自己的想法,让芽芽穿着这条裙子和自己去参加同学会。

在出门的时候,芽芽又给自己戴上了一个漂亮的发卡。

看着漂亮的芽芽,妈妈却高兴不起来,反而在心中多了一份忧虑,她不明白,为什么芽芽这么小就这么在乎穿着,在乎自己的外表,这样下去的话,芽芽会不会变得越来越虚荣呢?这会不会影响到孩子的身心健康呢?

专家解读:

很多小朋友都会出现芽芽这样的行为,想想我们小的时候也总是喜欢穿妈妈的高跟鞋,穿妈妈漂亮的裙子,有的时候还会抹一抹妈妈的化妆品。

但是，在有些家长的眼里，这却是一件让人非常担心的事情，家长们会认为这么小就爱美，长大之后肯定会虚荣，不利于孩子的身心健康发展。其实，小朋友爱美是很正常的事情，妈妈们是不需要太担心的。

爱美是孩子自我意识萌芽的表现。孩子刚生下来没有自我的意识，这个时候的宝宝饿了、尿了、拉了、不高兴了，爸爸妈妈总是会第一时间来解决，这个阶段的宝宝总是什么事情都依靠父母，在他们的世界中，父母是最重要的，是他们的全部。这个时候他们也分不清"你"和"我"的概念。当他们长到两岁左右的时候，自我意识就开始萌发，慢慢地他们就会用"我"来表示自己，也会开始在意自己的外表，想要自己变得更漂亮，想要更多的人关注和赞美，自然而然地就出现了爱美的行为。

除了自我意识萌芽，孩子爱美也是模仿心理的结果。在生活中，妈妈们会化妆的，当妈妈们在镜子前涂嘴唇、涂指甲的时候，这些都被孩子看在眼里，他们就会向妈妈学习。一般情况下，女孩子会向妈妈学习，男孩子会向爸爸学习。

在镜子前面照来照去，每次出门前总是要收拾一番，当孩子看到妈妈有这样的行为的时候，孩子就会向妈妈学习。孩子通过这种模仿行为让自己变得越来越成熟，让自己能够更好地融入社会。其实，这也是他们不断成长的信号。

小孩子出现爱美的行为是很正常的，有的时候这种行为是需要被满足的，甚至是被保护的。

从心理学角度来看，爱美是孩子成长过程中的必经阶段，是孩子自我意识萌发的证明，是孩子接纳自己和建立自我的基础。

但在生活中，很多家长并不知道这是孩子必要的成长阶段，当孩子出现爱美的行为的时候总是会站在成人的角度去评判孩子的言行举止。就像芽芽的妈妈一样，当她看到孩子过于关注自己的外表的时候，就会担心孩子爱美会影响到孩子正常的心理发育，认为小孩子就应该是自然美，不需要进行任何装扮，有些家长还会采取一定的措施对孩子进行约束。其实，

第二章 用孩子的视角看世界

这样做反而会妨碍到孩子的健康成长。因为，0~3岁是孩子自我意识萌发的关键时期，像芽芽出现的这种爱美的行为是很正常的，应该得到家长的认可和保护。

出现这种情况时，家长们也要适当地进行引导。因为在孩子的童年前期是需要得到别人的认同和赞许，这对于孩子建立自信心十分重要，家长们不需要对孩子的爱美行为进行过分的干涉。但是，过了这个阶段之后，家长们就要注意了，不要再一味地放任孩子的这种行为，这样会导致孩子过于自我，会影响到孩子的成长。

那么，在面对孩子爱美的行为，家长们应该怎么做呢？

首先，利用孩子的爱美之心，促进孩子自我意识的健康发展。当孩子在正常的阶段出现合适的爱美的行为的时候，家长们不需要太过担心，只要顺其自然就可以了。可以和孩子一起讨论穿什么漂亮，征求孩子的意见，可以和孩子穿亲子装，和孩子一起美，帮助孩子树立正确的审美观。除此，家长还要引导孩子在注重外表美的同时，注重心灵美，并顺势引导孩子掌握一些具体的行为规范。要让孩子从内到外都散发出美的气息。

其次，注意自己的言行，引导孩子的模仿朝着健康的方向发展。当孩子出现模仿行为的时候，家长们就要注意自己的言行了。让自己的一举一动在潜移默化当中影响到孩子的行为，争取给孩子一个积极的影响。

给家长的话

爱美之心人皆有之，每个人都希望自己美美的，这是自我意识的结果，也是尊重自我的体现。我们将自己变得漂亮，不仅是对自己的尊重，也是对他人的尊重，同时也能够更好地获得别人的尊重。所以，为了能够让孩子更好地爱自己、爱他人，获得更多的爱，要对孩子做适当的引导，使他们外表美，心灵更美。

为什么"老师说的永远对"

宝妈：我家孩子最近上幼儿园了，上了幼儿园之后就好像变了一个人，以前吃饭之前从来不洗手，现在到家第一件事就是乖乖地去洗手。因为老师说"饭前要洗手，不然会拉肚子"。以前要他吃蔬菜就好像要了他的命，现在却能够乖乖地吃蔬菜，因为老师说"多吃蔬菜有助健康"。以前这些话也是翻来覆去地对他说，可是他从来都不听。可是从老师的嘴里说出来之后就好像"圣旨"一样，这到底是怎么回事呢？老师为什么有这么大的魅力呢？

这是他律道德的影响，在幼儿的世界当中，道德是他律的道德。也就是说，幼儿的道德判断是受其自身以外的权威人物的标准所支配的，老师作为一个权威人物，说的话自然而然就是比较有分量了。

顶顶今年3岁半，刚刚上幼儿园半年，上幼儿园之后，家人发现顶顶的变化特别大。曾经家里的小皇帝变成了一个特别勤快的人。

在顶顶回家的必经之路上有一个大坡，每次经过这个大坡的时候，妈妈都要下来推着车子走。这一天，妈妈照常接顶顶放学，当走到这个地方的时候，当妈妈下来的时候，顶顶也要下来。

顶顶："妈妈，我也要下去。"

妈妈："你下来干什么呢？你在上面好好坐着吧。"

顶顶："我下来了，妈妈推着自行车就可以轻松一点了，而且我还可以帮妈妈推着自行车，这样妈妈也可以节省很多力气。"

妈妈:"顶顶怎么变这么乖了,知道心疼妈妈了。"

顶顶:"老师说妈妈上一天班很辛苦的,我们应该帮助妈妈做一些力所能及的事情。"

说着就帮着妈妈推起了自行车,妈妈看到儿子这么懂事了,心里非常的高兴。

除了知道心疼妈妈,顶顶在其他方面也有很大的变化,变得更懂礼貌了。一天,妈妈的同事来家里做客,之前的顶顶总是在妈妈的催促下才会和客人打招呼,但是这天顶顶却出乎意料地主动和客人打起了招呼。

顶顶:"阿姨好,欢迎来我家做客。"

阿姨:"顶顶好。"

顶顶:"阿姨,您快坐下吧。我去给您倒水喝。"

阿姨:"顶顶真是太乖了。"

顶顶:"谢谢阿姨夸奖。"

阿姨对妈妈说:"这个孩子怎么跟变了个人似的呢?"

妈妈笑着说:"这还不是老师的功劳,老师说对客人一定要有礼貌啊。"

阿姨说:"是啊,我家孩子也是这样的,每天回到家都是左一个老师说,右一个老师说。有一次,我和她爸爸正在说话,我没有等他爸爸说完就说起话来了,这个时候我的女儿跑过来非常严肃地对我说:'妈妈,你不要打断爸爸说话,老师说插话是不礼貌的。'当时我真的不知道说什么好了。"

妈妈:"看来老师的魅力真的是太大了,孩子们变得越来越懂事,越来越懂礼貌了。"

阿姨笑着点了点头。可是,之后的一件事却改变了妈妈的想法。

有一天,顶顶在家里练习写汉字,妈妈在一旁看着他写。当他写到"来"这个字的时候,正确"来"字的写法应该是,先一横,再两点,可是顶顶却把中间的那两点写成了一个"八"字,妈妈看到顶顶这样写之后,就开始纠正顶顶。

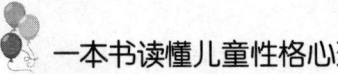

妈妈:"顶顶,'来'字这样写是不对的,中间不是一个'八'字,是两个点。"

顶顶:"妈妈说的不对,里面就应该是一个'八'字。"

妈妈:"谁教你这么写的,听妈妈的话赶快把它改过来。"

顶顶:"老师说是这么写的,就应该这么写。"

妈妈:"老师讲得不对,你看书本上都是这么写的啊。"

可是顶顶就是不听,仍然固执地说老师就是这么写的。

妈妈非常的着急,只好第二天和顶顶一起去幼儿园了解情况。经过了解才知道,原来是因为老师在黑板上写字写得太仓促了,"来"字中间的两点看起来就像是一个"八"字。妈妈和老师一起向顶顶做了解释,这个时候顶顶才勉强接受了妈妈的意见。

妈妈这个时候心中多了一个疑问,为什么老师说的是错的孩子也坚持认为是对的,这样下去会不会影响到孩子明辨是非的能力呢?

专家解读:

埃里克森理论认为:"当孩子进入学校之后,主要接受的是学校教育。而学校是训练儿童掌握今后生活所必需的知识和技能的地方。如果他们能很好地完成学习课程,这使他们在今后的独立生活和承担工作任务中充满信心,反之,就会产生自卑心理。另外,如果儿童养成了过分看中自己的工作态度,而对其他方面漠然处之,这种人的生活是可悲的。"埃里克森说:"如果他把工作当成他唯一的任务,把做什么工作都堪称是唯一的价值标准,那他可能成为自己工作

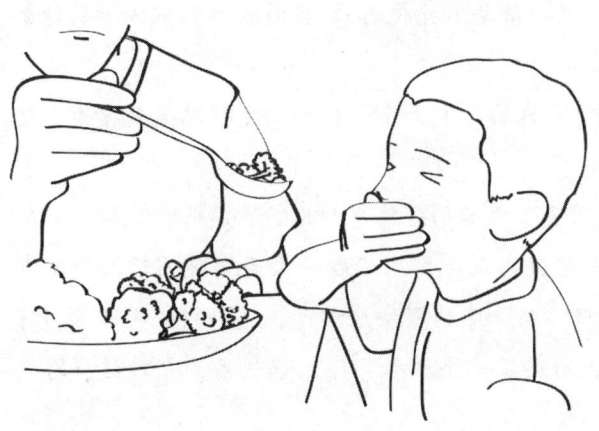

技能和老板们最驯服和最无思想的奴隶。"

也就是说，孩子在学校的这个过程中，老师就是他们的"老板"，他们总是对老师的话言听计从，为了得到老师的表扬或者是在老师的心中留下一个好的印象，他们就会严格遵守老师说的话。无论老师说的是否正确，他们都会遵守，老师在他们面前就是权威。

除此，幼儿这一阶段的道德判断主要是依靠自身之外的权威人物的标准支配，和成人可以通过自我约束、自我履行规范的自律道德是相反的。也就是说，孩子是不能够进行自我约束的，在他们的意识当中也没有自己的道德标准，他们的道德标准就是权威人士所定下的规则，而老师作为这个权威人士，所制定的道德标准自然就是非常有分量的，他们就会非常认真地去遵守。

孩子对老师的话言听计从，但是老师说的话不一定都是正确的，正确的话可以给孩子一定的引导作用，但是错误的话就会影响到孩子的发展。所以，家长们千万不要认为把孩子送到幼儿园和学校就万事大吉了，还是要充当好孩子"另一个老师"的重要身份，及时纠正孩子出现的错误行为。

那么，在面对"老师说的话永远是正确的"这种情况的时候，家长们应该怎么做呢？

首先，尊重孩子，维护老师在孩子心中的良好地位。当孩子总是把"老师说的"挂在嘴边的时候，在开始的时候家长们可能会感叹孩子长大了，懂事了，感叹老师竟然有如此大的魅力。可是，过了一段时间之后，家长们就会为这种行为苦恼，尤其是当父母在干比较重要事情的时候，如果孩子总是跳出来找麻烦的话，家长可能就会对孩子发脾气。这时候，家长们应该知道，孩子不是故意在和你找麻烦，而是他们把老师所树立的规则时刻记在心里，也会用这种规则去要求自己身边的人。这个时候的孩子并不知道什么是对的、什么是错的，他们只知道老师说的话是正确的。父母要做到的应该是理解孩子，尊重孩子这种刻板的行为，维护好老师在孩子心中的良好地位，避免伤害孩子的自尊心，影响老师在他们心中的地位。

其次，在家里父母也要树立权威的形象。既然老师在孩子的心中是权威的形象，那么，在家庭中，父母也应树立一个权威的形象。比如，在家里妈妈也可以树立一个权威的形象，妈妈的话说到做到，说一不二，那么在孩子的潜意识当中就不会再想着让妈妈满足自己不合理的要求，这个时候"妈妈说的"就和"老师说的"具有同等的效应。这样，可以避免孩子因为家人的溺爱而变得唯我独尊或者是什么事情都依赖父母，可以更好地锻炼孩子的独立性。同时，也可以平衡老师说话权威性，降低老师不经意的错误对孩子的影响。

再次，通过讲故事的方式帮助孩子树立道德观念。每个孩子都是爱想象的，而孩子的这一特质也决定了孩子喜欢听爸爸妈妈给他们讲故事。而爸爸妈妈可以让孩子在听故事的过程中树立自己的是非观，树立自己的道德观，而不是困在老师所树立的道德框架中。

最后，树立良好的榜样。当孩子还处在幼儿阶段的时候，父母可以说就是他们的全部，父母的一言一行对孩子的影响非常大，父母的所作所为也成了孩子重要的模仿对象。所以，家长们要注意自己的言行，树立良好的榜样，这对于孩子的道德教育也是非常关键的。在对孩子的教育中，说教自然是很重要，但是难免会激发孩子的抵触情绪和叛逆心理。所以，这个时候行动的力量显得非常重要。在父母善良、诚实、大度的行为的影响下，孩子能够获得一个更加深远、更加有效的道德熏陶。

> **给家长的话**
>
> 当孩子开始变得懂事,有礼貌的时候,家长们会很高兴,可是当他们变成一个爱挑剔的小话唠的时候,家长们就会有厌烦情绪。可是,这并不都是孩子的自主行为,而是他们在老师这个权威的影响下所做出的行为,是处于特殊时期的性格表现。所以,家长们不要对孩子生气,也不要抱怨老师,而是应该帮助孩子树立良好的道德观念和是非观念,促进孩子自我意识的发展,帮助孩子顺利度过每一个时期。

"请您表扬表扬我"

宝妈:我家孩子特别调皮,经常将家里弄得乱七八糟的,说他也不听,真的不知道怎么办。

其实,当爸爸妈妈面对调皮的孩子的时候,不要一味地进行阻止和批评,而是应该适当地对他们进行表扬,这样可以帮助孩子建立自我的概念。有的时候,好孩子是夸出来的,你越是批评他,他反而就越想和你对着干。如果你能够发现孩子的优点,适当地给孩子一些表扬,那么孩子也许就会变得乖顺起来。

轩轩是一位非常调皮的孩子,以前的他就好像是一个顽皮的猴子,总是给爸爸妈妈和老师惹出许多麻烦,让家长和老师非常的头疼,可是最近轩轩就好像变了一个人,而促使轩轩产生变化的原因竟是因为老师一句表扬的话。

星期一，轩轩和往常一样走进幼儿园的大门。在碰到老师后，向老师问好。以往的轩轩会在向老师问好后朝老师做个鬼脸，然后快速地跑掉。可是，这次向老师问好之后，轩轩和老师讲起了在这个星期天所遇到的开心事。

轩轩："张老师，这个星期天我过得非常的开心。"

老师："是吗？什么事情让轩轩这么开心呢？"

轩轩："我星期六的时候在楼下玩，有一个小弟弟非常喜欢我的弹力球，我就和他一起玩。可是，我要回家的时候，他仍然要玩我的小球，我要拿回家，他就大哭起来，看到他哭得非常可怜，我就把我的小球送给了他。他拿到小球之后就不哭了，还把他的橡皮鸭送给我，非常高兴地和我说'谢谢'，我真的很高兴。"

老师："轩轩真的长大了，知道心疼小弟弟了，轩轩做得真棒。"

轩轩不好意思地笑了笑。

正是老师这句赞美的话，轩轩在这个周一并没有惹麻烦，相反，是非常的乖。

在小朋友进行区域活动的时候，轩轩一会儿帮助小朋友捡起掉在地上的玩具，一会儿又帮小朋友扶椅子，一会儿又去帮摔在地上的小朋友擦眼泪，老师看到轩轩这么懂事，总是对轩轩竖起大拇指。

受到鼓励之后的轩轩变得更加积极了，在上课的时候也不再那么调皮了，而是认真地听老师讲课，积极举手回答问题。

从这之后，轩轩就好像变了一个人，不再那么调皮了，不会再去拿虫子吓唬女孩子了，也不再欺负比他小的小朋友了，而是主动帮助大家做一些事情。轩轩成了老师和同学眼中的好朋友。

看，这就是表扬所带来的神奇力量。

专家解读：

调皮的孩子并不就是"小魔头"，当他们得到老师和家长的表扬和认可之后，就会发生意想不到的变化。

其实，并不是表扬的话充满神奇的力量，而是表扬的话符合了每个孩子都想要得到赞扬的心理。这种心态说明了孩子在发展过程中的一个共同现象：幼儿自我概念的建立。也就是说，孩子在成长过程中，非常在乎别人对于自己的态度和评价。当孩子长到两岁左右的时候，他们就会根据别人对自己的态度和评价对自己做出评价，并且逐渐形成自我概念。在幼儿阶段，孩子是不能进行独立的自我评价的，他们自我概念的建立主要是依赖他人进行的。在这种情况下，成人的评价就显得至关重要了。

通过他人的认可和赞扬，可以获得自我的满足感。所以，当老师对轩轩进行表扬的时候，他就会通过更加努力来获得老师的喜爱，以此来获得更多的表扬，来获得心理上的满足，获得更多积极的认可，让自己变得更加优秀。

所以，无论是家长还是老师，都不要总是盯着孩子的缺点看，不要吝啬自己的表扬，要能够及时发现孩子身上的闪光点，及时对他们做出表扬，帮助他们树立良好的自我概念，帮助他们变得更加优秀。

自我概念的研究，有着悠久的历史。19世纪，美国心理学先驱威廉·詹姆斯就提出了这一概念，后来经过了一系列的发展，获得了人们的广泛关注和认可。

研究认为，人的自我概念不是与生俱来的，而是在后天的生活和环境中建立与发展起来的。在婴幼儿时期，婴幼儿的自我概念是通过和成人的相互交往逐渐建立发展起来的。婴儿最早的时候是不能区分人和物、物和我的，在新生儿的时候甚至不知道身体是自己的一部分。随着年龄的不断增长以及自身的不断探索，婴儿发现手碰到脚的时候，脚和手都会有感觉，但是，当手碰到除身体之外的其他物体的时候，却只有手有感觉；当他们被抱起的时候，晃动他们的时候，以及各种身体接触的经验，他们开始渐渐意识到自己身体的存在，认识到手和脚是自己身体的一部分，而其他物体则不是。

随着身体的自我意识不断发展和成熟，孩子的活动范围会不断扩大，接触的人也会越来越多，他们就会表现出更多的自主性和独立性。当孩子长到两岁左右的时候，他们就会开始在心理上认识自我，他们会开始模仿其他人的行为，并且将自己的行为对象化。如果他们的行为受到了周围环境或者是人为的干预，就会激发他们的逆反心理，他们就会进行反抗。当孩子长到三岁的时候，他们就会对自己独自做的事情感到满足，这个时候孩子开始懂得自我尊重，也就是我们所说的自尊。在和其他人的交往过程中，通过不断的比较和接受批评，孩子对于自我的认识就会更加清晰，更加明确。

在这个过程中，以下内容会帮助孩子形成一个积极的自我概念：

第一，觉得自己是有价值的人，受到别人的重视。

第二，觉得自己是有能力的人，可以操纵周围世界。

第三，觉得自己是独特的人，受到别人的爱护和尊重。

自我概念的形成对于孩子人格的形成和发展有着重要的影响，一个健康、积极的自我概念可以促进孩子形成一个良好的人格。在儿童时期形成一个积极的自我概念，能够让孩子在成长过程中对周围的人和事物形成一个正确的态度，能够更好地和他人交朋友，建立良好的人际关系和学习意识以及良好的情绪管理，孩子就会以积极、乐观、自信的心态面对世界。如果在这个时期形成了一个消极的自我概念，孩子可能会变成一个缺乏自信，胆小，对任何事物都缺乏兴趣的人，他们会容易激动，容易发脾气，影响到孩子各方面的发展。所以，为了孩子身心健康的发展，家长们千万不要吝啬自己的表扬。因为你的表扬可能关乎孩子将来成为一个什么样的人。

孩子自我概念的建立和家庭教育有着密切的关系，家庭的影响对于孩子自我概念的建立是非常重要的。家长们也要注意表扬的程度，过分的表扬可能会让孩子过分自大，所以家长们在孩子自我概念的建立时期一定要掌握好分寸。那么，家长们应该怎么做呢？

第一，给予孩子充足的爱和尊重。不要给予孩子过高的要求，也不要将自己的孩子和别人家的孩子进行比较，每个孩子都是一个独立的个体，每个孩子的身上都会有优点，同时也会有缺点，每个孩子都不可能是完美的。如果你总是把自己的孩子和别人家的孩子进行比较，或者总是对孩子十分严厉，就会让孩子十分受挫。他们会感觉自己一无是处，在他们的世界当中感受不到来自父母的爱，就会形成严重的自卑心理，久而久之就会疏远和父母的距离，那么家长就不能够很好地走进孩子的内心世界。所以，一定要给予孩子足够的爱和尊重，做孩子的好朋友，这样他们就会对父母敞开心扉，父母就能够更好地走进孩子的心里，给予孩子更好的教育。比如，当孩子在向父母倾诉自己的悲伤的时候，父母不要给予不在乎的态度，而是应该积极地倾听孩子的倾诉并给予合理的建议，让孩子感受到充足的爱和尊重，感受到自己的存在是有价值的，从而变得自信起来。

第二，给孩子创造成功的机会。不要什么事情都帮助孩子完成，这样会让孩子形成过分依赖的心理，对于孩子自我概念的形成产生严重的影响，也会剥夺孩子探索的机会。所以，家长们应该给孩子提供充足的探索空间，让孩子做一些力所能及的事情，比如：可以鼓励孩子自己洗衣服，自己收拾书包。当他们做得好的时候，给予他们适当的表扬，让他们获得成功的快感。当他们尝到了成功的快乐之后，他们就会不断鼓励自己进步，从而让自己变得更加独立，变成一个更加优秀的"自我"。

第三，多发现孩子的闪光点。有的父母对孩子采取严厉的教育方式，希望他们成为一个优秀的人，所以就会盯着孩子身上的缺点不放，对于孩子身上的闪光点视而不见，这对于孩子其实是不公平的。即便是希望培养孩子成为一个优秀的人，也需要不断鼓励和表扬的，这样才能够更好地激发孩子的创造力和探索能力。所以，为了让孩子成为一个更加优秀的人，多发现孩子身上的闪光点，让他们对自己充满信心，让他们觉得自己是"有能力的""有价值的"，这样他们才会不断努力，让自己获得进步。

第四，进行适当的表扬。在帮助孩子建立自我概念的过程中，切忌过多地批评，但是也要注意不要过多地表扬。过多的表扬会让孩子十分容易满足，那么承担挫折的能力就会下降，就会受不了别人的批评。除此，如果给予孩子过多的表扬，就会让孩子过分地自我，这对孩子的影响也非常大。所以，家长们一定要掌握好表扬和批评的度。

> **给家长的话**
>
> 每个人都希望自己获得别人的认可和赞扬，每个人都不愿意活在批评当中，作为孩子更是如此。不要总是以为孩子还小，不能够理解家长言行当中的潜在意义，其实孩子远比我们想象的要敏感，他们十分在意自己在别人心目当中的形象和地位。一味地批评只会让孩子变得越来越调皮，孩子也会离你心目中的好孩子越来越远，而适当地赞扬却可以让孩子变得更加优秀。你永远想象不到一句表扬的话可以给孩子带来多大的力量。

孩子为什么变执拗

🎵 **宝妈**：我家孩子上幼儿园大班了，之前是一个特别乖的孩子，可是最近就好像变了一个人一样，总是喜欢和我们对着干，变得越来越有自己的主意了，越来执拗了。真不知道这么小的孩子怎么会有这么大的脾气，是叛逆期提前了还是性格发生了变化？

并不是孩子的叛逆期提前了，而是孩子的自我意识越来越强了。在这之前，孩子没有自我意识，父母说什么就是什么，可是当他们看

到的、接触到的新鲜事物越来越多，他们的见识越来越多，他们就会对事情有自己的看法，就会和父母产生不一样的想法。这说明孩子在不断地动脑筋，在不断地进行思考，在不断地进步。家长们只要加以正确的引导就可以了。

上幼儿园之前的阿布，是一个非常听话的孩子。每次妈妈让他做什么的时候，他总是乖乖地去做。

这个时候的阿布是妈妈眼里的乖孩子，是一个心疼父母的懂事的孩子，可是这一切却在阿布上幼儿园之后悄悄地发生了改变。

一个晚上，妈妈洗完脚。

妈妈："阿布，帮妈妈拿一下擦脚的毛巾好不好？"

阿布："我正在看动画片呢。"

妈妈："先帮妈妈拿一下好不好？"

阿布："好吧，你等一下。"

阿布将毛巾递到妈妈的手里就转身去看电视了。

又过了一段时间。

妈妈："阿布，帮妈妈拿一下擦脚的毛巾。"

阿布："我正在看动画片呢，妈妈你自己拿吧。"

妈妈："我脚上有水，阿布就帮妈妈拿一下好不好？"

阿布："为什么你洗脚之前不把毛巾准备好呢？为什么每次都要我帮你拿呢？自己的事情应该自己做啊。"

妈妈："妈妈知道了，可是这次先帮妈妈拿一下好不好？"

阿布："那你要先等我把动画片看完。"

妈妈："妈妈还有其他的事情要做呢，阿布赶紧帮妈妈拿一下吧。"

阿布："我也有事情要做啊，我现在正在看动画片，我要将动画片看完再给你拿。"

妈妈："你快点给我拿来，怎么现在让你做点事情这么费劲呢。"妈妈的忍耐终于到了极点。

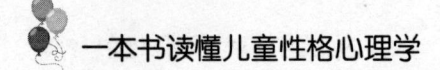

阿布被妈妈的这一吼吓到了，只好乖乖地去拿毛巾，但是仍然是心不甘情不愿的。

妈妈心里非常不解：之前的那个懂事的阿布跑到哪里去了呢？为什么现在变得越来越不听话了呢？这到底是怎么回事呢？

专家解读：

艾克里森人格发展理论认为，当幼儿开始学会爬、走路、说话，学会坚持和放弃的时候，也就说明幼儿开始"有意志"地决定做什么或者是不做什么。在这个时候，父母和幼儿的冲突就会很激烈，就出现了成长过程中的第一个反抗期。

人在每一个阶段都会呈现出不同的心理发展特征，当孩子长到三岁左右，他们的身心开始渐渐成熟起来了，语言能力越来越强，各方面的知识不断增加，智力水平也逐渐提高。随着各项能力的不断提高，孩子的独立的愿望也就会越来越强烈，他们也就会逐渐脱离父母的"束缚"，就会摆脱之前听话乖巧的形象，而这在父母心里是很难接受的，所以就会引起和孩子之间的冲突。

随着阿布年龄的增长，他在上幼儿园之后接触的人越来越多，知识越来越丰富，语言能力也越来越强，自我意识也越来越强，所以他才会对妈妈的要求做出反抗，不再乖乖地去帮妈妈拿东西，而是要先做好自己的事情再去帮助妈妈拿，或者是说服妈妈自己去拿，这些都说明了孩子是在不断进步的，各方面的能力都得到了提高。所以，当孩子出现叛逆行为的时候，家长们千万不要生气，应该适当地给他们一些空间，让他们自由发展。

对父母的话提出反抗是孩子"第一个反抗期"的显著表现，处在这个阶段的孩子的特点是什么事情都要自己去做。美国心理学家卢文格认为，在幼儿的自我发展阶段中，有一个阶段是与"逆反心理"相关的，那就是幼儿的"冲动阶段"。处于"冲动阶段"的孩子会经常说："我不"，或者是"我自己来做"。这正是他们通过对成人的观点和指令的否定来证明自己的存在，同时也通过这种方式来获得成人的尊重，他们希望通过自己做一些事情，向成人展示他们所具备的能力。随着年龄的增长，孩子的这种逆反心理会慢慢消失。

但是，家长们在给予孩子适当空间的时候，也要承担起帮助孩子树立良好习惯的责任，让孩子的行为能够控制在道德的范围之内。

那么，当孩子到了"第一个反抗期"的时候，家长们应该如何做呢？

首先，切忌唠叨，可以采用介入的方法。当孩子不听话的时候，有些家长就会开启"复读机"模式，对孩子唠叨个没完。其实，这是非常不明智的一个做法。因为你越是唠叨，孩子就越不理会你说的是什么，你所说的话也是白白浪费时间。与其不厌其烦地唠叨，不如尝试换一种方式，比如：当孩子赖在床上不起来的时候，家长可以对他说："每天早上我们要按顺序吃饭，爸爸第一个吃，你第二个吃，妈妈第三个吃好不好？"通过这样的方式可以帮助孩子树立时间的观念，如果他不按时起床的话，就会影响到妈妈吃饭，那么也就会影响到妈妈接下来要做的事情。因此，在孩子不听话的时候，家长们一定要动脑子，做一个聪明的应对者。

其次，利用孩子的单向思维，吸引孩子的注意力。很多家长在孩子吃饭的时候，总是会问孩子：爱吃这个吗？多吃点蔬菜有助于身体健康。以此想让孩子多吃一点饭。可是往往这样贴心的举动总是换来孩子的频繁摇头，当孩子这也不吃那也不吃的时候，家长的忍耐也会到达极限，而孩子也会被父母突如其来的爆发吓到。很多家庭总是会因为这样将好好的一顿饭弄得鸡飞狗跳。所以，当孩子不吃饭的时候，可以对孩子说："这么多饭菜，你来选一样吧。"这个时候，孩子的注意力就会集中到眼前的饭菜上，他们就会选择自己喜欢吃的饭菜大口地吃起来。

最后，全家人要达成一致的教育方式。爷爷奶奶对于孩子大都非常溺爱，孩子说什么就是什么，这样也会加剧孩子的逆反心理。当教育方式出现分歧的时候，全家人坐下来心平气和地谈一谈，尽量在一个平和的环境中达成教育的一致性。年轻的爸爸妈妈需要注意的是，应该尽量让自己多

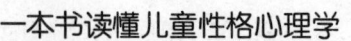

承担一些责任，不要试图去改变自己的父母，要采取平和的态度解决问题。因为，父辈帮助照看孩子并不是他们的义务，当出现问题的时候，我们也不要一味地责怪父母。

> **给家长的话**
>
> 当孩子与我们对着干的时候，不要以为孩子变坏了。孩子不可能总是一个听话的小孩子，总是要长大的。在孩子成长的过程中，他会有自己的思维，会自己去思考问题，会做自己想做的事情。父母能够做到的是当好孩子的"指路灯"，帮助他们在这个过程中养成好习惯，树立更加健全的人格。除此，就是给予孩子一个快乐的童年，快乐的童年也是形成良好的性格不可或缺的条件。

离不开父母的"乖"孩子

🎵 **宝妈**：我家孩子都已经上幼儿园了，可是仍然是离不开我，想让他自己睡，他说什么也不肯，一送他上幼儿园就哭成个泪人，什么时候能长大呢？这么黏人，长大了怎么能成为男子汉呢？

孩子并不是离不开父母，而是在他们的身上缺乏安全感，这种不安感促使他们在离开父母的时候会焦虑不安。所以，当孩子离不开自己的时候，父母应该审视一下自己是否给予了孩子充足的爱，如果想要孩子更加独立，能够更好地离开家长，最好是先给予孩子充足的爱，给予孩子充足的安全感。

第二章 用孩子的视角看世界

元宝3岁了，爸爸妈妈为了锻炼他的独立性，决定要和他分房睡。

第一天晚上，妈妈将小元宝安顿好之后回到自己的房间准备睡觉。可是躺下没多久，元宝就不断跑过来敲门。

第一次敲门的时候：

元宝："妈妈，我的玩具超人在你的房间呢，你帮我拿出来好吗？"

妈妈："你的玩具超人没有在我的房间啊，现在已经太晚了，元宝回去睡觉，明天再玩好不好？"

元宝默默地回到了房间，听到了元宝的关门声，妈妈准备关灯睡觉。可是没过一会儿，元宝又过来敲门了。

元宝："爸爸，有一只蟑螂在我的床上，你帮我赶走它好不好？"

爸爸："咱们家怎么可能有蟑螂了呢？元宝不要再闹了，快去睡觉好不好。"

元宝："真的有蟑螂，爸爸你快来看看。"

见爸爸没有回声，小元宝默默地回到了房间，过了好长时间也没有动静，爸爸妈妈以为元宝睡着了，也就放心地睡了。可是，没过一会儿，却又听见元宝急匆匆地跑过来。

元宝："妈妈，房间里有鬼，我害怕，你过来陪陪我好不好啊？"

妈妈："世界上根本就没有鬼，元宝你不要再闹了，你赶紧回去睡觉，再不睡觉妈妈就要打你屁股了。"

妈妈说完这句话之后，房间外面就没有了声音，而且安静了很久，妈妈想这回儿子肯定是睡着了，于是也就放心地睡了。

第二天早上，妈妈在打开房门的时候，被眼前的景象惊呆了。

妈妈看到元宝蜷缩在门口睡得正香，小席子、小枕头、小被子全都堆在地上，妈妈见状非常心疼，马上把元宝抱到床上。元宝在床上睡了一会儿，醒了之后马上就抱住了妈妈。

元宝："妈妈，我不要一个人睡，妈妈不要再丢下我了好不好？"说着就哇哇大哭了起来，于是，分床计划宣告失败了。

爸爸妈妈在心疼的同时，心里也非常的担心，孩子都这么大了，还这么胆小，这么离不开父母，这可怎么办呢？是不是长大了一点就好了呢。但事实并非想象的那样。

转眼元宝就到了上幼儿园的时候，在上幼儿园的前一天晚上，元宝突然毫无征兆地哭了起来。妈妈见状，赶紧过去询问情况。

妈妈："元宝，你怎么哭了啊？"

元宝："妈妈，我不想上幼儿园。"

妈妈："为什么不想上幼儿园呢？"

元宝："我不想离开妈妈。"

妈妈："元宝已经长大了，是个小男子汉了，而且上幼儿园只是白天的时候见不到妈妈，晚上就可以见到妈妈。在幼儿园里有好多小朋友可以和元宝一起玩，元宝可以交到很多好朋友呢。"

元宝："真的吗，他们都会和我一起玩吗？"

妈妈："对啊，不仅有小朋友，还有老师，老师可以教元宝好多知识，元宝不是最喜欢唱歌、跳舞吗，这些都可以从老师那里学到呢。上幼儿园是非常开心的一件事情呢。"

元宝擦干了眼泪，用疑惑的眼神看着妈妈，妈妈给了元宝一个温柔、肯定的眼神，元宝在得到妈妈肯定之后就上床睡觉了。

第二天，妈妈送元宝去上幼儿园，在分离的时候，元宝非常舍不得妈妈，当妈妈要离开的时候，又哇哇大哭了起来，妈妈哄了好半天，元宝才停止了哭泣，最后很不情愿地放开了妈妈的手。

好不容易过了一天，晚上元宝刚回到家，就一下子扑到了妈妈的怀里，哇哇哭了起来，一边哭一边向妈妈哭诉。

元宝："妈妈骗人，上幼儿园一点意思也没有，我明天再也不要去幼儿园了。"

妈妈："你没有和小朋友玩吗？"

元宝："他们都不和我玩。"

妈妈："他们不和你玩，你就主动去和他们玩啊。"

元宝："我不要，我就是不要上幼儿园了，我要和妈妈在一起，我要妈妈陪着我。"

说着就哭得更加伤心了，妈妈见元宝哭得特别伤心，也非常无奈，元宝什么时候能长大呢？

专家解读：

其实小元宝并不是离不开妈妈，而是他非常缺乏安全感。爸爸妈妈希望与他分床睡，元宝宁愿躺在离父母很近的地上睡觉也不要一个人躺在床上睡，可以看出他非常希望得到父母的爱，非常希望得到父母的陪伴。而他上幼儿园时的号啕大哭，就更加印证了这一点。那么孩子为什么缺乏安全感，何谓安全感呢？

所谓的安全感就是安全性的依恋感。依恋是指婴幼儿与最亲近的照顾者（通常情况下都是父母）之间形成的一种强烈的情感纽带。如果父母能够给予孩子足够的、持续的、合理的、稳定的、前后一致的爱，就可以让孩子感受到充分的爱，让孩子非常有安全感。当孩子具备了足够的安全感之后，就会非常有自信，并且学会自尊。他们能够相信其他人和这个世界，并且以充足的信心去接受新的变化和挑战。如果孩子长期缺乏安全感的话，孩子就会缺乏自信，变得自卑，缺乏对他人的信任，不能够一个人去面对新的变化和挑战，他们会非常依赖父母，离不开父母，因为他们害怕一旦离开父母就可能再也见不到他们了。现在的父母都忙于工作，大都将孩子给老人带，好的情况可以每天都见面，还有时将孩子送回老家，孩子有可能很长时间都见不到父母，这样会让孩子极度缺乏安全感。所以，当孩子离不开父母的时候，家长们不要总是责备孩子长不大，而是应该审视一下自己是否给予了孩子充足的爱，让他们有足够的安全感。

埃里克森认为，在个体发展的早期，人格发展最主要的课题是建立对世界的安全感。如果孩子在这个阶段能够从父母（尤其是母亲）身上或者是比较亲近的照看者身上获得细心的照顾，就能够让孩子感受到爱，让孩子获得充足的安全感，会让他们对周围的任何事物都充满期待，充满信

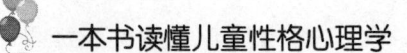

任，并且以良好的心态去接受。

如果在婴幼儿时期，孩子没有从父母那儿得到足够的爱，或者是父母采用了不当的教育方式，如不尊重、鄙视、大声吼叫、羞辱等，这样的教育方式会严重伤害到孩子的感情，伤害到孩子的自尊。让孩子缺乏自信，变得自卑，不相信周围的人和事。使得孩子不善于和别人进行交往，也不乐于交朋友。而且这种压抑的心情还会波及孩子成年，他们在长大后仍然不相信别人，不能够交到真正的朋友，这对孩子的影响是非常大的。

相反，如果在婴幼儿时期孩子在父母那里获得了稳定持续的爱，就可以获得较高程度的安全感。这种安全感对于孩子来说十分的重要。充满安全感的孩子会对周围的人和事物充满信任，他们会非常的乐观、开朗和自信，他们喜欢交朋友，喜欢和人打交道，他们能够很好地被人喜欢，被人所接受。同时他们也会有一颗宽容之心，对任何事情都抱有一种乐观的心态，这让他们在遇到问题的时候总是充满无限的能量。所以，为了能够让你的孩子成为一个这样的人，就要给予你的孩子足够的爱，让他的心中充满爱，只有心中有了足够的爱，他才能更好地爱自己，也能够更好地爱别人。

> **给家长的话**
>
> 孩子的安全感是父母给予孩子最好的礼物，这比任何零食、衣服、玩具都重要。给予孩子足够的陪伴和关注，能够帮助孩子建立起良好的安全感。

你的孩子为什么那么敏感

🎵 **宝妈**：我女儿从生下来就表现得和别人不一样，刚出生时她就高声啼哭了将近6个小时，不得已婆婆只好抱了她一整夜，防止她的哭声影响到医院里其他的孩子。可以说她从肚子里出来的那一刻就非常的敏感，长大些之后就更加敏感了。可以说她能够察觉到家里任何的风吹草动，孩子这么敏感可怎么办啊？

孩子敏感是聪明的表现，说明她的思维能力和感知事物的能力要比其他人强。她能够很好地观察到别人的表情变化、感情变化，或者是事物细节上的变化。她能够比别人观察到更多的东西，会比别的小朋友思考得更多，会关注更多的问题。所以，孩子敏感并不是一件坏事，因为那是孩子情商和智商高的双重表现。

形形上幼儿园大班了，她是一个非常敏感的小姑娘，非常的情绪化，只要别人说一句她不能接受的话，她就会哇哇大哭起来。

周末，妈妈带形形去动物园。来到动物园，形形很快就被各种各样的动物所吸引，一会儿看看小猴子，一会儿看看小老虎，蹦蹦跳跳地，非常高兴。突然，形形在熊猫园前停下了脚步，她被憨态可掬的大熊猫深深吸引了。她看到大熊猫正在睡觉，为了让大熊猫醒来，她就大声喊叫起来，她的大声喊叫引来了众人的目光，众人的目光都落在了形形的身上，形形马上羞红了脸，这个时候熊猫馆的管理员也走了过来。

管理员："小姑娘，熊猫正在睡觉，你这样大声喊叫会吵到它的。"

彤彤："可是我想和它一起玩啊。"

管理员："那也得等到熊猫睡醒的时候啊，你吵到它休息了，它会不高兴的。"

这个时候，彤彤突然大哭起来，妈妈赶紧抱起彤彤。

妈妈："彤彤不要哭了，我们去看别的动物好不好？等到大熊猫睡醒了我们再过来。"

说着就抱着彤彤去看小老虎了。彤彤看到可爱的小老虎才停止了哭泣，将刚才的伤心事忘到了脑后，带着眼泪的脸上露出了笑容。

还有一次春节，姑姑和叔叔都回到爷爷家过年。姑姑和叔叔家分别有一个女儿和儿子，他们的到来瞬间让家里变得热闹起来。彤彤和哥哥姐姐们也很快玩到了一起，孩子在一起玩，大人们就去做饭了。

没过一会儿，彤彤就哭着跑来找妈妈。

妈妈："彤彤你怎么了，为什么哭了呢？"

彤彤："哥哥、姐姐不和我玩。"

妈妈："他们怎么会不和你玩呢？"

彤彤："他们两个一直说话，也不搭理我。"

妈妈只好拉着彤彤去找她的哥哥、姐姐，向他们询问情况。

妈妈："诺诺，你为什么不和妹妹玩啊？"

诺诺："我没有啊。"

妈妈："可是，彤彤说你不和她玩啊。"

诺诺："我们不想看电视，想出去玩一会儿，我就说我们出去玩，于是我们就都跑着出去了，我并不知道彤彤没有跟出来啊。"

彤彤："他们都不等我，我跟不上他们。"

妈妈："诺诺，你是大哥哥，要照顾好妹妹知道吗？好了，和妹妹一起玩吧。"

诺诺还想要说什么，可是见到哭得非常伤心的彤彤也就没有再说什么，拉起彤彤的手说："走吧，爱哭鬼。"这一说不要紧，彤彤听到这句话，哭得更厉害了。

诺诺赶忙解释道："彤彤不要哭了，哥哥没有说你，我们赶紧去玩吧。"

看着彤彤远去的背影，妈妈的担心涌上了心头，彤彤这么敏感，这么爱哭鼻子，长大了可怎么办啊。

除此之外，彤彤对其他的事情也非常敏感。

她帮助妈妈开门，有的时候妈妈忘记说谢谢，她就会提醒妈妈要说谢谢；爸爸玩手机的时候，她会对爸爸说："爸爸，你都有时间玩手机，为什么没时间陪我玩呢"；有的时候妈妈动过她的抽屉，她总是能够发现并且告诉妈妈不要再动她的抽屉了。

彤彤这一系列的敏感行为让妈妈十分担心。

专家解读：

心理学博士伊莱恩·阿伦对敏感的儿童做过深入的研究，指出：高度敏感的儿童，他们更加关注细节，他们似乎有这样的天分。有些人特别注意社交细节，例如：别人的情绪、表情或者关系；有些儿童会特别关注自然的变化，例如：温度的起伏、植物的特征，又或是和动物交流的能力；有些能够表达非常细微的概念，具有幽默感和反讽力；还有一些孩子，当其他人经受环境变化的影响而焦躁不安时，他们却能在新环境中保持警醒。

敏感的孩子会比其他孩子观察到更多的事物，他们的思维能力也会比其他的人强，他会经常思考或者是提问，例如，"为什么你要这么说"，"我这么做是不是不对"，"为什么哥哥没有叫我的名字呢"。除此之外，敏感的孩子还喜欢钻研数学或者是逻辑难题，而且经常会患得患失，经常会担心"如果我这样做了，那么结果将会怎样呢"。他们特别爱幻想，会将自己幻想成童话故事中的主人公，或者是为自己编造一个美丽的童话。他们会一个人找一个安静的地方想事情，就像个小大人似的，他们经常会比其他的孩子想得更多。

因为敏感的孩子关注的比较多，他们获得的资讯也就会比较多，所以他们思考得也就更多，他们就会有比较强烈的情绪，容易激动。强烈的情绪变化表现在不同的环境中会有不同的反应，有的时候可能是强烈的爱，有的时候可能是敬畏或者喜悦，而有的时候则是因为恐惧、愤怒或者是悲伤，这些情绪的变化都会比一般的孩子强烈。另外，敏感的孩子会非常有同情心，如果他们看到大街上有人乞讨、雨天里的小商贩或者上了年纪从事体力劳动的人，他们就想要伸出援助之手。

《气质观察》一书中写道：高度敏感的孩子，活动力可大可小。活动力高的孩子对生命更热爱，他们比较独立，喜欢学习，他们更容易融入世界。活动力不高的孩子很安静，很少躁动不安，擅长细节动作，做事慢吞吞，他们虽然看起来很安静，但是脑子里比谁都忙。

也就是说敏感的孩子也会有不同的表现，家长们应该仔细观察孩子的行为动作和性格方面的表现，及时采取措施，让孩子朝着一个积极正确的方向发展。

了解下面这些敏感孩子的表现可以帮助家长正确地和孩子进行沟通，避免错误的方式给孩子造成不好的影响。

1. 更容易感受到外界环境的变化。敏感的孩子经常会对外界的变化表现出不适应，不能够很好地融入新的环境中。例如，家里有客人，他们需要经过一段时间之后才会和客人熟悉起来，才会放下戒备之心。

2. 对于负面评价比较敏感。敏感的孩子经常会因为别人的一句话而感到委屈、焦急，如果没有得到及时的安慰，他们就会大哭起来。别人的一个眼神或者是动作，也会引起负面的情绪。

3. 心思细腻。敏感的孩子心思都比较细腻，他们能够观察到别人情绪的细微变化，并且将事情的过错加到自己的身上，经常会自责。例如，当父母吵架时，他们会认为是自己哪里做得不好，父母才会吵架的。当他们的情绪始终处于紧张状态时，他们就会更加敏感。

4. 在陌生人面前比较敏感。他们不敢在陌生人面前大声说话，见到陌生人就会脸红，因为他们会觉得在陌生人面前表现不好的话，他们会笑话自己。敏感的孩子非常在意别人的眼光。

5. 注意力不集中。敏感的孩子通常情况下注意力比较分散。他们经常会被别人的一举一动所影响。如，在吃饭的时候，他们经常喜欢一边吃饭一边看电视，在写作业的时候，如果周围出现了什么动作，他们肯定会抬起头看一看。

6. 规律性较强。敏感性的孩子多数不喜欢改变，他们喜欢在生活中为自己制订规则，比如按时吃饭、按时睡觉、按时完成作业等。

7. 执着专一。敏感的孩子往往比较执着和专一，他们对于自己喜欢做的事情，会坚持去做。而且喜欢的东西也会一直用，直到不能再用。

8. 观察能力较强。敏感的孩子对于细节的变化十分敏感，即使细小的变化他们都能轻而易举地察觉。就比如，你新剪了一个发型，或者是你动过他的东西，他都能够从细节上判断出来。

在面对敏感的孩子时候，家长应该如何做呢？

1. 当孩子出现情绪上的波动的时候，家长们要保持冷静，不要对孩子表现出不耐烦、失望的情绪，这样会让孩子变得更加敏感，会加重他们的情绪波动。

2. 当孩子出现错误的时候，家长们不要因为怕孩子不高兴就不去批评，要指出孩子的不足，这样孩子才能够有责任心，才能够勇于承担错误。同时也能够让孩子体会到你是在关心他，而不是放弃他。

3. 对孩子给予适度的期望。当你对孩子进行适当的鼓励的时候，就会让孩子觉得他是有能力的，他的存在是有价值的。当孩子在畅谈自己的理想的时候，家长们应该认真倾听，不要总是一副无所谓的态度或者是嘲讽的态度，这样会严重打击到孩子的自尊心。

4. 不要拿自己的孩子和其他孩子进行比较。有的父母可能为了激励自己的孩子，经常会拿自己的孩子和别人家的孩子进行比较，这样做会严重地伤害到孩子的自尊心，会让他们非常的反感，非常的不开心。有的时候，还可能会影响到孩子的人际交往，因为敏感的孩子嫉妒心比较强，他们会疏远比他们优秀的人，这对于孩子的人际交往是不利的。

5. 不要随便对孩子开玩笑。有的时候父母可能只是开玩笑的一句话，却可能会对敏感的孩子造成很大的影响，他们会当真，甚至还会非常的较真，长此以往对他们的成长是不利的。

6. 不要让孩子认为自己是家庭问题的来源。有的孩子在父母吵架的时候总是把责任揽到自己的身上，当遇到这样的情况的时候，家长一定要认真对孩子做出解释，要告诉孩子父母之间的争吵和他们是没有关系的，要对孩子进行适当的安慰。

7. 用和蔼的语气跟孩子说话。敏感的孩子本来就容易情绪激动，而且非常胆小，所以在和他们说话的时候一定要和蔼。

8. 多接纳孩子的意见。要让敏感的孩子感受到自己的存在，不要总是忽略他们的意见，也不要总是对他们的想法做出否定，只要他们的想法是合理的，父母就要采纳并且鼓励，这样可以帮助孩子树立良好的信心。

> **给家长的话**
>
> 一般来说，敏感的人很有可能会成为科学家、咨询师、神学家、历史学家、律师、医生、护士、老师和艺术家，而这些职业都是双商比较高的人。所以当你的孩子是敏感型的孩子，家长们一定要有耐心，给予他们更多的帮助，帮助他们度过一个快乐的童年。

孩子耍赖是因为可以逃脱惩罚

♪ **宝妈**：我家孩子特别爱耍赖，有的时候明明是他做的事情，可他就是不承认，有时候还会躺在地上打滚，或者是大声哭闹，真是让人非常生气，真不知道他为什么总是耍赖，对于耍赖的孩子应该怎么办呢？

孩子耍赖其实是在逃避惩罚，因为他们知道如果承认了，他们可能会受到惩罚，而耍赖则是逃避惩罚的途径之一。家长们在面对耍赖的孩子的时候，一定要采取严肃的态度，因为一旦让孩子得逞，他们犯错的时候就会采取这种方式。长此以往，他们就会缺乏责任心，这对于他们的生活、学习是非常不利的，甚至还会影响到他们将来的工作。所以，孩子耍赖一定要引起家长的注意。

小豆丁今年四岁了，活泼开朗，十分招人喜爱，可是他有一个毛病——爱耍赖，这个毛病让父母非常头疼。

有一次，爸爸妈妈都去上班了，只有小豆丁和奶奶在家。小豆丁一个人在家非常无聊，于是就叫来了自己的伙伴小源子。他和小源子玩了一会儿玩具，这个时候，奶奶下楼去买菜，准备给他们俩做饭。

奶奶走后，两个小家伙就撒开了欢，不再乖乖地玩玩具了，而是开始了各种翻腾，他们一会儿翻翻这儿，一会儿翻翻那儿，把家里搞得乱七八糟。他们在妈妈电视柜的抽屉里发现了一些零钱，看到钱的时候，两个人的眼睛都冒出了光，于是就开始了他们的"计谋"。

小豆丁："这里有这么多零钱。"

小源子："是啊，这么多零钱是不是可以买好多的零食？"

小豆丁："可是，偷拿妈妈的钱是不是不好呢？"

小源子："这本来就是你妈妈的钱，拿一下应该没事的，难道你不想吃薯片、奇趣蛋吗？"

听到这些，小豆丁拿出了一些零钱，并且把东西都摆放好，好让妈妈不容易发现。这时，奶奶也回来了，两个小家伙就和奶奶说他们想要下楼玩一会儿。奶奶叮嘱了几句就让他们下楼玩去了。

来到楼下，两个小家伙直奔超市，买了自己喜欢吃的零食，吃完之后，两个小家伙擦擦嘴角，就回家了。

可是做了亏心事的小豆丁心里非常不安，他担心妈妈发现钱少了会责怪他，因为妈妈曾经对他说过不可以随便拿家里的钱，要想用钱的话要征得父母的同意。

晚上，妈妈下班回家之后，发现小豆丁总是心神不宁，觉得非常奇怪。

妈妈："小豆丁，你是不是做错什么事情了？"

小豆丁："没有啊。"

妈妈："那你为什么这么紧张呢？"

小豆丁："妈妈，我真的没有做什么，不信你问奶奶。"

奶奶："今天小豆丁很乖，和小源子玩了一天，小源子刚刚回家，就是中午吃得有点少。"

听到奶奶这么说，妈妈勉强相信了，小豆丁也长出了一口气。

可是，担心的事情还是发生了。当妈妈去抽屉拿东西的时候，发现抽屉里的零钱少了，就问起了小豆丁。

妈妈："小豆丁，你是不是拿抽屉里的钱了？"

小豆丁："没有啊，抽屉里有钱吗，我都不知道。"

妈妈："那钱怎么少了？"

小豆丁："那我就不知道了。"

妈妈："真的不是你拿的吗？"

小豆丁非常肯定地说"不是"。

这个时候，妈妈突然想起奶奶说中午小豆丁吃得少，就更加坚信了钱是小豆丁拿的。

妈妈："那你中午为什么没有吃饭，是不是拿这里的钱买吃的去了？"

小豆丁："我说我没拿就没拿。妈妈你也没看见我拿，为什么要说是我拿的呢？"

妈妈："如果是你拿的，你一定要承认，偷拿钱财是非常不好的行为。"

小豆丁就是不承认，妈妈还想要说什么，小豆丁竟然躺在地上耍起赖来，边打滚边哭，奶奶见小豆丁哭了起来，就赶紧把孙子抱进了自己的房间。留下妈妈非常无奈。

专家解读：

小豆丁之所以会耍赖，是因为害怕承认是自己拿的，妈妈会严厉地惩罚他，这是孩子缺乏责任心的一种表现。但如果孩子没有良好的责任心，对于孩子健康人格的形成影响非常大。

案例中的小豆丁没有经过妈妈的同意就将家里的钱拿走去买零食，而且在妈妈发现后还不承认自己的错误，也不愿意为自己的错误行为承担应有的责任。如果这个时候家长们不及时指正的话，他将来可能会犯更严重的错误。因此，对于耍赖的孩子家长们千万不可掉以轻心。

缺乏责任心，对于孩子的生活学习有着很大的影响，那么缺乏责任心会给孩子带来那些影响呢？

第一，自私自利，不会关心他人。缺乏责任心的孩子，会非常的自私自利，他们什么都以自我为中心，不会去关心他人。这样的孩子是很难受到别人的欢迎的。而且在道德层面上，这样的人也很难被接纳。

第二，缺乏学习的意识。对于缺乏责任心的孩子来说，他们也缺乏学习意识。他们认识不到学习是作为一个学生应当承担的责任和义务。他们会认为学习只是父母和老师强加于他们的。因此，他们就会通过各种方式偷懒，不写作业。影响学业不说，还会影响性格，孩子会因此变得消极懒惰，在遇到困难的时候总是推脱逃避，很难有自己的成就。

第三，缺乏信誉。在社会当中，如果孩子缺乏责任心，他是没有信誉可言的，这样的孩子在将来会成为社会最不能容忍的人，因为信誉是个人在社会中立足的根本。

孩子就是一张白纸，不会无缘无故就出现问题，那么是什么导致了孩子缺乏责任心呢？

一个是父母的过分娇惯。有的家庭非常的溺爱孩子，当孩子犯错或者是遇到问题的时候，总是得过且过，或是想办法帮助孩子解决问题，让孩子意识不到自己出现的问题，孩子在这种情况下，是很难建立其责任心的。

一个是环境的影响。大环境对于孩子的影响非常大，当大人缺乏责任，逃避责任的时候，孩子就会跟着学。孩子没有一个良好的榜样，得不到正确的教育和指导，很难培养出责任心强的孩子。

那么我们应该如何培养孩子的责任心呢？

首先，让孩子自己的事情自己做。不要对孩子的事情大包大揽，适当地让孩子做一些力所能及的事情，不要担心孩子做不好，要有足够的耐心等待孩子做好。因为孩子在做事情的过程中，不仅仅只是学会了做事情，在这个过程中，他也会学到承担责任，他会意识到哪些事情应该是自己做的，哪些责任是必须要自己承担的。

其次，适当地关注孩子的学习。家长要关注孩子的学习，但是不要干预得太多，特别是如果孩子对于学习出现了消极的态度，家长们就要适当地进行干预。提高孩子的学习兴趣和积极性，帮助孩子养成一个良好的学习习惯。要让孩子意识到学习并不是完成父母的任务，而是对自己负责任的表现。要让孩子懂得通过学习可以成为一个出色的人，这样就可以为社会做出贡献，在社会上能够获得尊重，培养孩子自尊自爱的意识。

还有，父母要树立好榜样。父母对于孩子的影响是非常大的，所以家长们一定要注意自己的言行，为孩子树立一个良好的榜样，要说到做到，答应孩子的事情要尽量做到，这是对孩子的一种责任。父母在无形当中也会促进孩子责任心的建立。

再次，让孩子自行承担所犯错误的后果。孩子在犯了错误之后，要让孩子承担所犯错误的后果，当孩子尝到苦头，自然就会知道责任心的重要性了。让孩子体会到自己所犯错误的自然后果，就会学会服从规则，责任心增强。例如，当孩子不小心把杯子打碎，要让孩子自己去收拾，而不是父母去收拾。

最后，要注意让孩子承担能力范围之内的责任。孩子因为年龄的原因，承担责任的能力是有限的，当孩子犯了比较严重的错误的时候，还是需要家长承担部分责任的，但是，该孩子承担的还是要孩子承担。如，孩子不小心弄坏了小朋友的玩具，家长们可以帮助孩子替小朋友买一个玩具，但是孩子要承担道歉的责任。在这个过程中，孩子就会明白，自己犯了错误是有责任的，这样会慢慢加强孩子的责任心。但是，家长们不要操之过急，要循序渐进，从小事情过渡到大事情上，直到孩子能够独立承担责任。

> **给家长的话**
>
> 每个孩子生下来都拥有一颗天使之心，要想让孩子始终保持这个天使之心，家长们就要给孩子提供良好的环境，让孩子建立责任心，充满责任感，让孩子勇于承担责任，学会关心他人，成为一个真正意义上的"小天使"。

孩子的习得性无助

🎵 **宝妈**：我家孩子是个"娇小姐"，遇到一点困难就退缩，上幼儿园的时候稍微有点困难的活动，她就会退缩，而且她的口头禅就是"我不会，我不懂，我不想去"这些，这么娇气该怎么办呢？

其实并不是孩子娇气，这是孩子习得性无助的前期表现，如果家长不进行纠正，长此以往，孩子就有可能会形成习得性无助。家长过分的溺爱以及过分的严厉都会让孩子形成习得性无助。习得性无助对于孩子的成长非常不利，如果得不到改善，会让孩子行成胆怯、懦弱、自卑的性格，在困难面前停滞不前。因此，家长们一定要防止孩子习得性无助的形成，帮助孩子塑造一个良好的性格。

小倩今年四岁了，和爷爷奶奶生活在一起，奶奶非常溺爱孙女，一心想要把小倩培养成一个小公主，所以就什么事情都不让她做。小倩过着"衣来伸手，饭来张口"的生活。由于爸爸妈妈长期工作忙，也没有注意到这一点。直到有一天：

爸爸妈妈下班来到奶奶家，准备和奶奶一起去看望乡下的亲戚。妈妈来到奶奶家之后，看到了这样的一幕：

小倩躺在帐篷里，爷爷和奶奶蹲在帐篷的外面，奶奶的手里拿着一件漂亮的裙子。

奶奶："小公主，我们该换衣服了。"

小倩："你不要进来，我还没有休息够。"

奶奶："小倩，这件衣服非常漂亮，穿上这件衣服就更像小公主了。"

小倩："我说过我喜欢粉色的，我要穿粉色的。"

奶奶："这件不喜欢吗？黄色的裙子也很好看啊。"

小倩："我就要穿粉色的。"

奶奶："好好，奶奶去给你换粉色的。"

说着就给小倩拿来了一件粉色的裙子。

奶奶："公主，粉色的裙子来了，该起来换衣服了。"

小倩："奶奶帮我换衣服。"

奶奶："好的，小公主。"

这个时候，妈妈实在是看不下去了，就走到帐篷前。

妈妈："小倩，你自己起来穿衣服。"

小倩："我自己不会穿，我要奶奶给我穿。"

妈妈："你都多大了，还不会自己穿衣服，赶紧起来自己穿。"

说着就要拉小倩起来，小倩被妈妈的行为吓到了，哇哇大哭起来，一边哭一边说:"妈妈是个坏妈妈,我不要妈妈。"

奶奶赶紧过来安慰小倩:"小倩不要哭了,奶奶给小倩穿啊,我们不要妈妈穿。"

奶奶给小倩穿完衣服之后,对妈妈说:"一个小孩子,你和她较什么真啊,我们家小倩将来是要当小公主的,这点小事不需要自己做的。"

妈妈:"公主也要做一些力所能及的事情啊,她连衣服都不会穿,将来怎么在社会立足啊,她都被您惯得不成样子了。"

奶奶:"长大了不就好了吗,现在这么小,她知道什么啊。"

说着就拉着小倩出门了,妈妈无奈地跟在后面。

由于亲戚家在乡下,要走很远的路,一路上小倩总是在抱怨,不是抱怨路程太远,就是抱怨路太颠簸了,奶奶则在一旁不停地安抚小倩。在小倩的抱怨声和奶奶的安抚声中好不容易到了亲戚家。

亲戚全家都出来迎接,小倩下了车之后,妈妈让小倩和亲戚家的小姑娘牵牵手,可是小倩说什么也不牵,嫌弃小姑娘的手脏。小倩妈妈瞬间脸都红了,赶忙和小姑娘的奶奶解释,小姑娘的奶奶笑着说:"小孩子嘛,没有关系的。"

接下来的事情,让妈妈真正意识到了小倩存在的问题。

中午吃饭的时候,小倩突然说想要上厕所。

小倩:"妈妈,我要上洗手间。"

亲戚:"什么是洗手间啊?"

妈妈:"就是厕所。"

亲戚:"厕所在外面,让雯雯带她去吧。"

小倩:"我不要,我要妈妈带我去。"

妈妈:"我带她去,你告诉我具体的位置就好了。"

妈妈带着小倩去了厕所,到了厕所,小倩露出了为难的表情。妈妈催促她赶紧进去,因为大家都在等着她们吃饭呢。小倩磨蹭了好长时间,终于鼓起勇气进去了,可是刚进去一会,就跑了出来。

小倩:"厕所好臭啊。"

妈妈："你小声点，那也不能憋着啊。我们去好不好？"

小倩："我没了。"

妈妈："怎么能没了呢，想上厕所就去。"

小倩："我真的没了。"

妈妈："这个地方只有这个厕所，我们要学会适应各种不同的环境，明白吗？"

小倩："我想回家，我不想待在这里。"

妈妈见小倩坚持不尿，无奈地放弃了，就领着小倩回到了屋里。吃过饭之后，雯雯给大家表演跳舞，大家都在认真地观看雯雯表演，这个时候小倩突然哭了起来。

妈妈："小倩，你怎么哭了啊？"

小倩："我尿了。"

大家都非常的惊讶。

妈妈："你看，刚才有厕所不上，这孩子这真是的。"

妈妈和奶奶赶紧带着小倩去换衣服，亲戚拿出了雯雯的衣服。

亲戚："这是雯雯的衣服，不过我洗得很干净，让小倩换上吧。"

小倩："好脏，好臭，一点儿也不漂亮，我不要穿。"

妈妈："小倩，怎么说话呢，赶快穿上。"

妈妈试图让小倩穿上衣服，可是小倩仍然不穿。

妈妈："你都尿裤子了，怎么还挑三拣四的啊。来，穿上。"

小倩还是拒绝，妈妈非常生气，就打了小倩一巴掌，把小倩打哭了。奶奶见状，就赶紧安慰小倩，让妈妈出去，自己来处理。奶奶拿着三件新找出来的衣服对小倩说："小倩，你看这三件衣服，你喜欢哪一件。"

小倩哭着说："哪一件我都不喜欢，我就是不要穿。"

奶奶似乎也被小倩气到了，拿着最早取出的那件，一边给小倩穿一边说："就穿这件吧，女孩子怎么能光着呢，你真是太不听话了。"

这时，小倩就哭得更厉害了。奶奶赶忙换了一种语气，非常和蔼地说："小倩不哭了，坚持一会儿，我们回到家就不穿了，回家就穿漂亮的衣服好不好。"

小倩的目中无人、骄纵跋扈、不懂礼貌全都展现在了妈妈的眼前，也让妈妈意识到了问题的严重性，如果不加以纠正，将来肯定会有很严重的问题。可是，该从何下手呢？

专家解读：

由于生活水平的提高，再加上孩子少的原因，家长对孩子特别重视，尤其是爷爷奶奶这一辈，对于孩子更是溺爱，生怕孩子受一点委屈，什么事情都一手包办，将孩子培养成家里的"小公主""小皇上"，以至于他们在遇到困难的时候，不是逃脱就是大哭。案例中的小倩，在奶奶"女儿要富养"的观念下，对她百般骄纵，最终将其培养成了一个"娇气"的小公主。她宁愿憋着也不上厕所，宁愿光着也不穿雯雯的衣服，没有礼貌，当她遇到了尿裤子这样的小事的时候，不知道该怎么去解决，反而大哭了起来。可以看出，小倩的生活自理能力非常差，应变能力也非常差。小倩的这种行为在心理学上称为习得性无助。

习得性无助对于孩子的影响很大，家长们不要总是以为孩子还小，就什么都容忍，等到孩子长大，可能会被这种想法毁掉。家长们不要过分溺爱孩子，否则会毁掉一个孩子。

所谓习得性无助就是指在经历过消极的体验之后，再面临同样或者是类似的情景时个体所产生的一种无能为力的心理状态与行为表现。如果在幼儿阶段形成了这样的心理和行为，这对于孩子的成长非常不利。如果一个人遇到困难的时候总是无能为力，对什么都缺乏信心，遇到一点点挫折就停滞不前，这样的人怎么可能生活得好呢？

"习得性无助"不是与生俱来的，而是在后天形成的。除了家长对于孩子过分地溺爱之外，家长们对于孩子过高的要求以及严厉的态度也是形成习得性无助的主要原因。例如，家长们总是对孩子抱有很大的期望，总是想要他们做得更好，就对孩子有过高的要求，就算是孩子做得很好，他们也总是批评孩子，如果孩子犯了一点小错误，这种批评还会变本加厉。

长此以往，孩子做得好也得不到鼓励，他们就会失去前进的动力，会慢慢地失去挑战苦难、接受困难、勇于探索的动力，他们会变得消极、茫然，失去信心，会形成"既然你们都认为我不好，我又为何要努力"的意识，他们会退缩逃避，失去主动性。

在对待孩子的习得性无助的时候，家长们一定要掌握好"爱"的度，既不能过分宠溺，也不要过分严厉。那么，家长怎么样才能够防止幼儿习得性无助的产生呢？

首先，让孩子具备生活自理的能力。爱孩子无可厚非，但是家长们要知道孩子最终是要长大的，是要独自去面对这个社会的。当孩子走向社会，离开家这个港湾的时候，他们就要独立去面对。如果在这个时候，孩子连基本的生活自理能力都没有的话，这对于孩子来说是一件非常糟糕的事情。连这个最起码的生活自理问题都解决不了，你还指望他能去解决什么其他的问题，接受什么挑战呢？因此，让孩子学会生活自理是非常重要的。例如，在孩子两岁的时候，可以让孩子做一些简单的家务，即使他们做得不是很好，也要鼓励他们去做；等到孩子上了幼儿园，可以让孩子自己收拾物品，自己穿衣服，自己布置自己的房间，循序渐进，孩子就会具备独立生活的能力。

第二，让孩子经受锻炼。让孩子接受一定的锻炼。例如，可以让孩子独自参加夏令营，让孩子离开家长，和小伙伴们一起去感受外面的世界。在夏令营中，孩子不仅能交到更多的朋友，培养孩子的社交能力，也可以让孩子体验"长途跋涉""翻山越岭""风吹日晒"，体验到一个人在外面的"艰辛"，更好地锻炼孩子的与人交往能力和吃苦耐劳的能力。所以，爸爸妈妈要懂得放手，让孩子走出自己的庇护，培养他们独立的性格，以更好地在未来走向社会。

第三，进行适当的批评教育。每个人都有犯错的时候，何况是孩子。当孩子犯错的时候，家长们不要每次都是严厉地批评，批评需要讲究一定的策略。批评孩子的时候要条理清晰，要先和孩子讲明事情的严重性，再引导孩子如何去做。在批评孩子的时候也要善待孩子，要让孩子能够感受到你是爱他的。不要对孩子采用羞辱、污蔑的态度，要对事不对人。这样才能够引导孩子更好地认识到错误，并且朝着正确的方向发展，而且还会拥有健康的心态。

> **给家长的话**
>
> 当孩子想要尝试去做某件事的时候，尽量让孩子去做，不要太担心；当孩子出现了错误的时候，要帮助孩子认识错误，吸取教训，而不是指责孩子。

孩子的尝试与错误

宝妈：我家孩子最近总是喜欢自己尝试着做一些事情，经常自己穿衣服、洗衣服、系鞋带，有的时候看他笨拙的样子真想上去帮一把，可是执拗的小孩不让我帮，而是自己在那里艰难地做着，经常是好半天才做好，每次做好之后都会非常的高兴。这是一种好的现象吗？

这是一种好现象呀，说明孩子在不断探索，也是孩子独立的表现，当他们想要自己尝试着做一些事情的时候，家长们最好不要阻止，也不要担心。因为，在这个过程中，他们能够体会到自己动手获得成果的喜悦，即使这种结果在大人的眼里可能并不完美，但是孩子却能够从中收获很多。所以，家长们收起自己的担心和忧虑，让孩子尽情地去做吧。

大卫是一个非常要强的孩子，这主要体现在他什么事情都想要自己去做，这一点在他很小的时候就体现出来了。

在大卫一岁左右的时候，一次妈妈给大卫吃香蕉，妈妈先给他剥了一小段，让他自己吃。大卫接过香蕉之后就大口吃了起来，很快就把妈妈剥好的那一小段吃光了。妈妈看到大卫吃光了之后，就想要拿过来接着给他剥，可是大卫却握着香蕉不撒手。妈妈说："大卫，把香蕉给妈妈，妈妈给你把剩下的皮剥掉，你再接着吃好不好。"但是大卫仍然不撒手，妈妈也只好让他拿着。

出乎意料的是，大卫学着妈妈的样子剥起了香蕉皮，虽然手法不是很熟练，但是小家伙却剥得非常认真，妈妈没有去阻止他。只见大卫用左手握住了香蕉，然后用右手开始剥，虽然大卫的手还没有很大的力气，剥得非常费劲，但大卫并没有放弃，而是嘟起小嘴，眼神坚定地剥着，一副"一定要剥掉你的架势"。可是，剥了好长时间，也没有剥下来多少。妈妈很着急，就对大卫说："妈妈帮你剥吧，这样大卫就能很快吃到了。"说着就要拿过大卫手里的香蕉，可是大卫就是不放开，仍然坚持自己剥，妈妈只好放弃。大概过了十分钟，大卫终于将剩下的香蕉皮都剥掉了，但是剩下的香蕉也已经不成样子了。大卫拿着剥好的香蕉，朝着妈妈露出了胜利的笑容。

等到大一点了，大卫的这种性格就更加明显了。上了幼儿园，一天早上眼看着就要迟到了，可是大卫仍然坚持自己穿衣服。因为那天穿的是带扣子的衣服，大卫还不能够很熟练地系扣子。他让妈妈先系好两颗，然后学着妈妈的样子自己动手系。妈妈看到大卫笨拙的样子，眼看着马上就要迟到了，就催促说："大卫，妈妈来帮你系扣子好不好，我们马上就要迟到了。"可是大卫仍然不为所动，坚持自己系扣子。好不容易才系好。

大卫高兴地说："妈妈，你看我系好了。"

妈妈："你是系好了，可是上学迟到了啊。"

大卫："可是我学会系扣子了，这不是一件很高兴的事情吗？"说着嘿嘿地笑了起来。

妈妈看到大卫开心的样子，也没有再说什么，而是赶紧拉着大卫去了幼儿园。

除了要强之外，大卫的好奇心也非常强烈，在经历了早上的迟到之后，来到幼儿园，他又上演了惊心动魄的一幕。

在幼儿园，课间休息的时候，老师讲台上的杯子引起了大卫的好奇，他走到讲台旁边，拿起杯子就摔了下去。"啪"的一声吸引了很多小朋友的目光，老师也赶忙过来查看情况。

老师："大卫，你没有受伤吧？"

大卫："我没事，可是杯子碎了。"

老师："你是怎么把杯子打碎的？"

大卫："我是故意打碎的。"

老师露出疑惑的表情，大卫也注意到了老师的表情，小心翼翼地问："老师，我是不是做错什么？"

老师："你能告诉我为什么要打碎它吗？"

大卫："老师，你的杯子是瓷杯子，我知道玻璃杯子会摔碎，可是我不知道瓷杯子会不会摔碎，就试着摔了一下，结果它就摔碎了。"

看到大卫一脸认真的样子，老师忍不住笑了。

大卫："老师，我到底有没有做错呢？"

老师笑着说："打碎杯子是不对的，但是你的初衷不坏，你想要有新的发现是正确的，可是要换一种方式，因为老师的杯子是用来喝水的，不是用来做实验的。"

说着老师就给大卫讲了很多关于瓷器的知识，大卫托着小下巴非常认真地听着。

专家解读：

人类想要学习更多的东西，获得更多的知识，就要不断去尝试，虽然在这个过程中会经历失败和挫折。有的时候结果不一定是好的，但是在这些挫折和失败当中，人们会变得越来越坚强，会在失败和挫折中获得意外的收获，对于孩子来说更是如此。也许他们会把香蕉剥得稀烂，会因为自己系扣子而迟到，但是他们却可以从中体会到自己动手的快乐，体会到自己动手的重要，他们会在不断的失败当中变得越来越坚强，越来越独立。

案例中，虽然大卫打碎了杯子，但是他想要知道的是瓷杯子会不会碎，这个过程也是大卫思考的过程，通过自己的思考提出问题，进行实践，最终得出了结果。看似是一个犯错的过程，其实也是一个学习的过程。所以，我们在面对孩子的错误的时候，不要急着去批评，而是要先了解前因后果，然后再采取相应的措施。

美国著名心理学家桑代克提出了尝试和错误说，他通过对动物的大量观察和实验指出，动物会发现并保留正确的反应，从而使问题得到解决，从而得出人类的学习过程也是一个认识错误的过程。

他曾经做过一个这样的实验：他将一只饥饿的猫放在有特殊开关的笼子里，在笼子的外面放上食物，让猫看得到食物但是得不到食物。猫在刚开始的时候，总是会乱叫乱撞，试图挤出笼子，在经过一系列的盲目冲撞和满身伤痕之后，就放弃了这一举动。在偶然间打开了笼子，猫得到了食物。当再一次把猫放进笼子的时候，猫仍然会表现出冲撞的行为，但是次数明显少了，通过打开开关逃出笼子。经过不断地实验，猫逃离笼子的时间越来越短，能够很快得到食物。通过这个实验，他提出了著名的尝试错误说，其主要观点是：学习是一种盲目的、渐进的尝试与改正错误的过程。随着练习，错误的反应逐渐减少，正确的反应得以产生，于是在刺激与反应之间形成了一种稳固的联结。对于小孩子来说，"尝试错误"能够让他们感受到自己能够产生的影响力，通过自己的行为对周围的事物产生影响，在一遍一遍地尝试过程中，体验到行动的快乐，并且最终获得成就感。

每个父母都希望自己的孩子能够健康快乐,虽然不一定能够做得到,但是有这样的想法,孩子也应该是幸福的。因为,这样的父母会放心让孩子去探索,他们不怕孩子犯错,也不会给孩子设定更多的条条框框。孩子可以在不断尝试的过程中,体会到行动的快乐,感受到内心的自由,他们才能够无拘无束地大胆去尝试、去实现自己的梦想。行动和内心都获得自由的孩子才算得上是一个真正快乐的孩子。

为了让孩子有一个快乐的童年,让孩子获得更多意料之外的东西,家长们要放开手,大胆让孩子按照自己的想法和方式去尝试,去犯错。那么,家长们应该如何做呢?

首先,解放自己的思想,解放孩子的思想。很多家长都希望自己的孩子成才,认为给孩子一个美好的将来比一个快乐的童年更重要。他们会让孩子按部就班地去做所有的事情,不允许孩子犯错,不允许孩子尝试新的东西。其实,这样做反而不好。因为,虽然孩子在家长的庇护下,可能会成为家长理想中的孩子。但是,他们被剥夺了自由想象、自由探索的机会,虽然他们能够少走很多弯路,但是他们却体会不到探索的乐趣,体会不到各种丰富的情感,体会不到被认可的快乐。

第二,帮助孩子分析错误的原因。当孩子犯了错误,家长们要了解清楚孩子犯错的前因后果,了解清楚后,就要帮助孩子分析犯错的原因,帮助孩子找到解决问题的办法,让孩子更好地走出困境,这样才能够让孩子的自尊不受到伤害,遇到问题的时候也不会逃避,而是以一个积极健康的态度去面对问题。

第三,和孩子分享自己小时候犯错的经历。和孩子讲述自己小时候犯错的经历,让孩子懂得爸爸妈妈也是从那个时候过来的,也会犯错,这样就会缓解孩子对于犯错的恐惧。同时也能够拉近和孩子的距离,让父母在他们的眼中更加的"接地气",而不是高高在上。这样能够让孩子更好地接受现实,了解现实。

最后,提高孩子明辨是非的能力。孩子的知识和能力都是有限的,但是他们却有着强烈的好奇心和好动的天性，在这样的情况下他们才会不断犯错。家长们要做到的是告诉他们什么事情是应该做的，什么事情是不应该做的，提高他们明辨是非的能力，减少不必要错误的发生。

给家长的话

让孩子去尝试，给孩子犯错机会，结果是不重要的，让孩子体会到过程中的乐趣才是最重要的。

第三章
正视外向型孩子的表现欲

外向型的孩子活泼好动，充满无限的精力，但同时也因为好动，他们总是给家长们制造麻烦；因为聪明，他们总是会冒出一些异于常人的鬼点子；因为争强好胜，他们会非常的执拗；因为积极热情，他们总是想要交更多的朋友。总之，外向型的孩子虽然有着异于常人的天分，但是他们也总是让父母放不下心。而在面对外向型的孩子，家长们应该懂得不要总是充当孩子的"消防员"，要奖惩分明，不要过多地干涉孩子，正确地"消耗"孩子多余的精力，让孩子的领导能力得到正确的发挥。要让外向型孩子天生具备的优势得到更好的发挥，给孩子提供一个良好的环境，加以正确地引导，让孩子拥有更加光明的未来。

孩子闯祸，父母别当"消防员"

🎵 **宝妈**：我家孩子真是太好动了，总是闯祸，总是要我给他收拾烂摊子。今天给这个家长道歉，明天给那个小朋友赔不是，每天都提心吊胆的，生怕他又惹出什么事端。真希望他能够安静一点儿，不要总给我闯祸。

孩子闯祸，家长们不要一味地给他们收拾烂摊子，要让孩子适当承担起犯错误后的责任，而不是逃避责任。

仔仔是一个非常好动的孩子，走到哪里都闲不住，还总是给妈妈惹出很多麻烦。

一天，仔仔和小朋友准备一起下楼去玩，在下楼之前，妈妈对仔仔进行了一番叮嘱。

妈妈："和诺诺好好玩，不要打架啊。"

仔仔："知道了妈妈。"

妈妈："去小区的公园里玩，不要破坏公共设施知道吗？"

仔仔："知道了妈妈。"

妈妈："离爷爷、奶奶远一点，不要撞到他们，知道吗？"

仔仔："妈妈你真啰唆，还有没有完，你赶快说，说完我好下去玩了。"

妈妈："最后一点，不要去逗别人家的狗，知道了吗？"

仔仔："知道了，你放心吧，我下去玩了。"

当仔仔下楼之后，妈妈就开始打扫卫生，可是刚刚收拾到一半就听到有人敲门，妈妈打开门，来的原来是小区的物业人员。

物业人员："您好，请问您是仔仔的妈妈吗？"

妈妈："你有什么事情吗？"

物业人员："您的儿子刚刚在楼下玩，用石头把楼下停的一辆车划了一道伤痕，您下去看一下吧。"

妈妈："这个臭小子，又给我闯祸了，真是拿他没办法。"

在楼下，她看到仔仔的手里拿着一块小石头，而对面的车上有明显的一道划痕。

妈妈："你怎么又闯祸了？"

仔仔："我哪里闯祸了？"

妈妈："你把人家的车划了这么大的口子，还不算闯祸吗？真是拿你没办法，你说你为什么要这么做？"

仔仔："我在检验这辆车的质量，谁知道轻轻一碰就这样了。"

妈妈："检查质量？你是满意了，我又要有大麻烦了。"

妈妈看到车上留了车主的电话，就给车主打电话，先是给车主道歉，然后又让车主前来解决问题。车主来了之后，妈妈为了表示歉意，给了车主300元钱作为赔偿，车主倒是很通情达理，没有多说什么，妈妈也长出了一口气。但是，看到一旁的仔仔，妈妈真的是很无奈，这个孩子这么爱闯祸，可怎么办才好啊。

专家解读：

当孩子长到三四岁的时候，他们就再也不是那个乖乖的孩子了，他们总是会给爸爸、妈妈带来各种各样的麻烦。而大部分的家长则都会和案例中仔仔妈妈一样，在儿子惹下麻烦的时候，充当孩子的"消防员"，帮助孩子解决问题。其实，这并不是在帮助孩子解决问题，而是一种纵容，纵容孩子逃避责任。一味纵容，孩子就不会害怕闯祸，因为每次闯祸之后家长都会帮自己解决，自己也不需要承担什么，就会变得更加肆无忌惮，而家长帮助自己解决问题也成了理所当然的事情。这样对孩子的成长是不

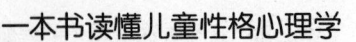

利的。

外向型的孩子充满无限的活力，好动，冒失，这样性格的孩子闯祸是难免的。孩子闯祸并不是一件可怕的事情，关键是孩子闯祸之后应该怎么做，应该如何解决孩子闯祸的问题，减少孩子闯祸的概率，这才是家长们应该考虑的问题。那么，家长应该如何做呢？

在孩子闯祸的时候，家长作为孩子的监护人，肯定要承担一部分责任，但是只是一部分责任，并不是全部责任，该孩子承担的还是尽量让孩子来承担。例如，案例中的仔仔，在划破别人的车的时候，妈妈进行了赔偿，但是赔偿的钱财应该慢慢从仔仔的零花钱中扣除，让仔仔承担起赔偿的责任，这样仔仔也许会吸取教训，不会再轻易去闯祸了。在孩子闯祸之后，家长们一定要让孩子明白：自己闯的祸，自己要承担责任，家长们可以帮助孩子解决问题，但是主要责任仍然是要孩子自己承担，做错事情就要付出代价，而不是接受几句批评那么简单。

但是，家长们需要注意的是，有的时候，孩子闯祸可能是无心之举，例如，他们在玩沙子时不小心将沙子弄到了小朋友的眼睛里，或者是玩游戏的时候不小心将小朋友碰倒，导致别的孩子受伤，这些都是在所难免的。这个时候，家长们不要总是埋怨孩子，而是要尽量帮助孩子解决问题。在帮助孩子解决问题的时候，要告诉孩子下次要小心，玩耍可以，但是要注意安全。如果家长能够给好动的孩子一个正确的引导，孩子好动的天性才能够发挥得恰到好处，不会过分，也不会被埋没。

给家长的话

孩子闯祸可能是无心之举，也可能是有意为之，无论是哪一种原因，家长们应该保持冷静，先将事情了解清楚，然后再决定怎样去做。不要愤怒，急于制止孩子或者是指责孩子，也不要心疼，急着帮孩子解决问题。要正确引导孩子，使孩子认识到错误，勇于承担起所犯错误的后果，从而减少闯祸，成长为一个有责任心的人。

奖罚分明，让孩子明白对与错

♪ **宝妈**：教育孩子真的是很头疼的一件事情，尤其是对待外向型的孩子，他们爱表现，活泼好动，但是也总是会惹出一些麻烦。当他们惹麻烦的时候，过分批评怕伤害到孩子的自尊心，影响他们的积极性，如果不批评的话又怕他们养成不好的习惯，是非不分，真的不知道该如何是好。

外向型的孩子精力无限，他们喜欢把任何事情都表现在外面。他们积极主动，乐观开朗，对任何事物都充满热情和活力。但是，他们犯错的概率也是比较高的，毕竟小孩子的知识和能力是有限的，犯错是难免的。家长们应该做的是奖惩分明，帮助孩子认识是非对错，发挥他们性格中积极的一面，弥补性格中的缺陷，让他们成为性格良好、心理健康的孩子。

小斌今年五岁了，是一个爱说爱笑、乐于助人的孩子，很多人都喜欢他。但是，小斌特别调皮，经常逗小区里的孩子，还时常把小孩子逗哭。

有一天，奶奶带着小斌去楼下玩，小斌很快就和很多孩子打成一片。一会儿和他们玩沙子，一会儿和他们玩水枪，玩得不亦乐乎。奶奶坐在一旁和朋友们聊天。正聊得高兴，突然听见了孩子的哭声。

奶奶心一慌，心想是不是自己的孙子又闯祸了啊，就赶紧起身查看情况。只见邻居家的小姑娘小爱坐在地上哭，而小斌则在一旁偷笑，奶奶急忙过去询问情况。

奶奶扶起小爱，亲切地问："小爱你怎么啦？"

小爱哭着说："小斌刚才吓我。"

奶奶："小斌，你又干什么啦？"

小斌："她的胆子也太小了吧，就一只小小的毛毛虫，就吓成这个样子，哈哈。"

奶奶："小斌，你怎么这么不老实呢？"

小斌："谁叫她那么胆小呢，我又不是故意的。"

奶奶："这个孩子怎么说话呢，你快向小妹妹道歉。"

小斌："我才不道歉呢。"说着就一溜烟跑了。

奶奶在后面无奈地摇了摇头，心想：这孩子怎么这么气人呢，一定要告诉他的妈妈，得好好管他了。奶奶拉起小爱，帮她拍拍身上的土，擦干了脸上的眼泪，又哄了一会儿，小爱才终于不哭了。

晚上妈妈下班回到家之后，奶奶给妈妈说了这件事情，妈妈听完之后非常生气，就把小斌叫了过来。

妈妈："小斌，今天你都做什么了？"

小斌："没做什么啊，就是和小朋友一起玩啊。"

妈妈："你再好好想想。"

小斌想了一会儿，除了和小朋友一起玩之外，今天也没干什么啊。

妈妈："你是不是把小爱吓哭了啊？"

小斌："哦，这事儿啊，小爱也太胆小了，一只毛毛虫就吓成那个样子了，真的是太好笑了。"说着又哈哈笑了起来。

妈妈："不要笑了，你觉得是一件好笑的事情，你以为毛毛虫不可怕，可是别人不一定就这么觉得啊。如果你是小爱，别人用毛毛虫吓你，你怎么办？"

小斌："我肯定不会哭的，我会和那个人一起玩的。"

妈妈："人和人的性格是不一样的，有的人可能不怕毛毛虫，有的人可能就害怕毛毛虫，如果明天我拿蜘蛛去吓唬你，你是不是也害怕啊？"

小斌："我最害怕蜘蛛了，我肯定会吓哭的。"

妈妈："这不就对了吗，所以你应该怎么办呢？"

小斌："应该和小爱说对不起。"

妈妈:"对,那你现在就去道歉吧。"

小斌:"我害怕,我不想去。"

妈妈:"你怕什么啊,既然你做错了就应该勇敢去道歉啊,你既然害怕当初为什么要这么做呢?"

小斌:"这次就算了吧,能不能下次再说?"

妈妈非常严厉地说:"不可以,这次一定要道歉,不然你是不会长记性的。"

小斌:"可是……"

妈妈:"可是什么,你还想说什么,快去道歉吧。让你准备一会儿,想想怎么说。"

小斌犹豫了一会儿,终于鼓起勇气去道歉了。

小斌和妈妈来到邻居家,妈妈敲开了门,妈妈和邻居说明了情况,邻居把女儿叫了出来。小斌见到小爱之后,红着脸说:"小爱,对不起,我不应该拿毛毛虫吓唬你,你不要害怕啦。"

小爱看看自己爸爸、妈妈,爸爸、妈妈对她笑了笑,小爱也笑着说:"没关系,我原谅你啦。"

小斌:"太好啦,哈哈。"

妈妈和小斌回到家之后,妈妈说:"小斌今天表现得很好了,妈妈要奖励你。"

小斌疑惑地问:"我今天不是做错事情了,为什么要奖励我呢?"

妈妈笑着说:"虽然你做错了事情,但是你鼓起勇气道歉了,勇于承认自己的错误,就值得表扬,妈妈这叫奖惩分明。说吧,想吃什么好吃的?"

小斌:"我想吃可乐鸡翅。"

妈妈:"没问题。"

专家解读:

孩子就像一棵需要不断修剪才能成长的小树苗。在这个过程中父母起到很关键的作用。

刚出生的孩子只知道吃、喝、拉、撒、睡,这个时候,只要给予他们很好的照顾就可以了。等到孩子长到几个月大,他们对世界渐渐有了意识,开始认识自己的爸爸、妈妈,学会看别人的脸色,当你对他笑的时候他会对你笑,当你对他生气的时候,他会不知所措。等到他们再大一点,他们会逗你开心,他们会做让你开心的事情,但他们也会变得越来越调皮,给你制造麻烦。但这就是孩子,在他们的世界当中,没有是非观念,没有对错之分,这个时候就要家长们帮他们把好关,给予他们正确的引导,该批评的时候批评,该表扬的时候表扬,让孩子朝着正确的方向走下去。

案例中小斌的奶奶和妈妈就做到了这一点,她们并没有容忍小斌的过错，奶奶虽然没有能够让小斌认错，但是她也认识到了孩子的过错，没有帮小斌隐瞒错误，而是向小斌的妈妈说出了事实，让小斌的妈妈去教育小斌。而小斌的妈妈在得知事情之后，就事论事，对小斌进行了批评，当小斌表现出反抗的情绪的时候，小斌的妈妈也表现出了耐心，直到小斌认识到自己的错误，还引导小斌去道歉。当小斌鼓起勇气道歉后，妈妈又及时做出了表扬，对小斌勇于认错的态度给予了肯定，让孩子认识到犯错并不是那么可怕的事情，而且道歉也没有那么可怕。在以后犯错的时候，小斌大概会更好地认识到错误，并且能够更好去道歉吧。而且得到肯定会让小斌的心里好受些，他以后也许就不会再犯同样的错误了。所以，在批评之后适当地肯定是有必要的。

孩子 1～3 岁是成长的关键时期，这个时候也是孩子养成良好习惯的关键时期。当孩子取得进步的时候，家长们都要给出肯定和鼓励。当孩子犯错，提出不合理要求的时候，家长们就要及时批评，但是批评的时候也要注意态度，要采用温和的态度进行制止，要有足够的耐心循序渐进，切忌用语言恐吓孩子，或者是打骂孩子。那么，对待孩子，家长们应该如何做到奖惩分明呢？

一是让鼓励成为孩子前进的动力。

在孩子的成长过程中，鼓励就像空气一样不可或缺。也许父母的一个拥抱、一个亲吻或只是一个简单的动作，对于孩子来说可能是莫大的鼓励，可以让他们感受到父母是爱他们的，是关注他们的，让他们信心倍增，更好地去面对生活。

除此，孩子的成长过程也是世界观不断形成的阶段，是对世界和自我不断认知的阶段，这个时候家长的鼓励能够起到事半功倍的效果。

二是给孩子制定规则。

因为年龄的关系，孩子的自制能力会比较差，犯错也在所难免的。但是犯错并不可怕，只要进行循序渐进的纠正和教导，孩子就会明白更多的道理，不断成长。

纠正孩子的犯错过程就好比是给小树修剪枝叶的过程，对于孩子来说肯定是痛苦的，对于家长来说总觉得有点不忍心，但是，作为家长要理智，应避免孩子养成坏毛病最终影响孩子的成长。

因此，当孩子开始懂事的时候，就要为他制订规则。

比如，如果孩子过分沉溺游戏，可以规定每天让他玩多长时间，在什么时间玩。如果超出了这个时间，就从下次的游戏时间里扣除，如果严重的话就要取消下次玩游戏的资格，让孩子吸取教训。

如果孩子在执行规则的过程中出现了不合作的行为，家长要控制自己的情绪，采用缓冲的方法，切忌情绪失控。在孩子哭闹的情况下，如果屈从孩子，他们会觉得哭闹有效，可以让家长就范，达到自己的目的，这样会让孩子越来越难管，想要改正错误就很难了。家长们在执行规则时，要坚持自己的做法，不要怕孩子的哭闹，而是等孩子和自己的情绪都平复之后，再和孩子讲道理。比如告诉他们为什么不让他们玩那么长时间的游戏，玩游戏时间过长可能带来什么危害，可能对身体造成损伤，会影响到视力等。家长可以和孩子做一些别的游戏，转移孩子的注意力，培养孩子多方面的兴趣。

三是对孩子有奖有罚。

奖和惩本来是矛盾体，要想正确处理好它们之间的关系，就要找到恰当的切合点，根据人、事、环境做到奖惩并用。

> **给家长的话**
>
> 在孩子的成长过程中，总是会取得各种各样的成绩，也会犯各种各样的错误。当孩子取得成绩的时候，家长们要进行表扬，让孩子尝到成功的滋味，当孩子犯错的时候，家长们要给予惩戒，让孩子吸取教训，以改正错误。让孩子明白对错与是非。

不安分的孩子，应该正确引导

🎵 **宝妈**：我家孩子最近真的是太气人了，说什么也不听，总是按照自己的想法来。尤其是在吃饭的时候，让他等大家一起吃，可是他的小手总是不老实，总是想要拿点这个吃，拿点那个吃的，说他的时候还振振有词，说他饿了，等等。这样的孩子应该怎么样去引导呢？

孩子有自己的想法很正常，家长不要认为这是孩子调皮的表现，其实是孩子敢于向规则说"不"，也是他思考的过程，说明他有了自己的想法，而不是别人说什么就是什么，不再墨守成规。他们喜欢打破常规，提出自己的想法，这样的行为，家长们是应该鼓励的。不安分是外向型孩子的特点，也是他们的优点。当你的孩子敢于和你说"不"的时候，家长们要感到高兴，应该引导孩子勇敢地说出自己的想法，这样才能够增强孩子的自信，锻炼孩子处理事情的能力。

饭桌上摆满了香喷喷的饭菜，散发出诱人的香味。在一旁玩游戏的诺诺看到了桌上摆满了这么多好吃的，马上就扔掉了手里的玩具，拿起筷子就想吃。这个时候，妈妈看到诺诺想要吃东西，赶忙阻止。

妈妈："诺诺，你要干什么？"

诺诺："妈妈，我饿了，我要吃东西啊。"

妈妈："别人都没吃呢，你怎么能吃呢？"

诺诺："可是我饿了啊，而且饭都已经做好了，为什么不能吃？"

妈妈："今天是爷爷的八十大寿，大家都还在忙，你小孩子怎么就先吃起来呢，等大家都过来一起吃好不好？再等一会儿。"

诺诺听了之后只好放下手中的筷子，去一旁玩游戏了，可是看着满桌好吃的，诺诺哪里能玩得踏实呢？他盯着桌上的饭菜总是想要偷吃，可是每次都被妈妈严厉地制止，这让诺诺非常不高兴。

好不容易，大家都忙完了，陆陆续续坐到了桌子旁，诺诺也赶紧坐到椅子上，准备吃饭。当他刚拿起筷子想要夹东西的时候，却又被妈妈阻止了，诺诺用疑惑的眼神看着妈妈。

妈妈："爷爷还没有动筷子呢，你怎么能动呢？而且，小叔还没有回来呢，我们得等小叔回来一起吃啊。"

诺诺："爷爷，你赶快动筷子啊，我们好赶快吃饭啊。"

爷爷："诺诺饿了啊，那诺诺就先吃吧，我们等一会儿小叔。"

诺诺："我们给小叔留点饭不行吗？为什么要这么多人等着他一个人呢？"

妈妈："因为今天是爷爷的生日，全家都来给爷爷过生日，是全家团圆的日子，要等大家都到齐了，一起给爷爷过生日，这样才完美啊。"

诺诺："那为什么小叔不能早点到呢？为什么要大家都等着他呢？"

妈妈："小叔临时有点事情啊。"

诺诺："那既然是小叔不能按时来，为什么要让大家一起等他呢？应该让小叔受到惩罚才可以啊。"

妈妈："就等一会儿吧，小叔马上就到了。"

诺诺："我不要等了，我饿了我要先吃饭。"

妈妈："这孩子怎么这么不听话呢？别人都没吃就你吃多不像话啊。"

诺诺："我们都在这等，饭菜都凉了，让大家都吃凉菜，这样真的好吗？"

诺诺说完就拿起筷子吃了起来，妈妈想要阻止，可是想到有这么多人又不好伤害孩子的自尊，而且爷爷也没有说什么，也就只好让诺诺吃了起来。

当诺诺吃到一半的时候，小叔终于来了，全家人都赶快让小叔坐下来，准备吃饭，小叔也拿起筷子准备吃。这个时候，诺诺却阻止了小叔。

诺诺："小叔，你先不要吃。"

妈妈："小叔都来了，大家都等了这么久了，赶快吃饭吧。"

诺诺："小叔，大家等你这么久了，你应该先向大家道歉。"

妈妈："小叔是有事才迟到的，又不是故意的，快让小叔吃饭。"

诺诺："但是我们大家等他了啊，他就应该向我们大家道歉啊。"

妈妈："你怎么那么多事呢，快让小叔吃饭吧。"

诺诺："可是妈妈总是说要遵守时间，难道只是小孩子才应该这样，大人就不需要了吗？"

听到这句话，妈妈的脸唰地一下就红了，不知道该说什么。这个时候，小叔赶紧道歉说："诺诺说得对，是我不对，让大家等我那么长时间，我向大家道歉，我们大家一起举杯，祝老爸生日快乐。"

诺诺撅着小嘴说："一点儿也不快乐，等了那么长时间才吃饭，哼。"

大家听到诺诺这么说，都哈哈大笑起来。

专家解读：

这是很多家庭聚会都会出现的现象，当饭菜做好的时候，总是要等长辈动筷或者是人都到齐了才能吃饭，尤其是像在老人过寿这种重要的场合中，一定要遵守这样的规矩，人们似乎也都习惯了这样的规矩。但是，总有那么一些不安分的孩子想要打破规矩，按照自己的想法来。这样的孩子大概不受大人的喜欢，认为他们不懂礼貌，不听话。其实，他们并不是不听话，也不是不懂礼貌，他们只是说出自己内心的想法，想要按照自己的想法来。

家长们应该了解不同年龄段孩子不安分的表现，以此来做出相应的对策。

针对 0~2 岁的孩子：

这个年龄段的孩子，开始出现不安分的行为。特别是在 1 岁以后，当孩子学会站立、说话，自己玩玩具，他们开始有自己的行为，这个时候不安分的特征就会逐渐表现出来。

这一时期的不安分行为，家长是不需要过分担心的。因为这是孩子成长过程中必然的过程，是孩子的正常表现。

家长们应该有意识地培养和保护孩子的这种不安分，对其做出恰当的鼓励和正确的引导，保护孩子勇于探索的热情。但是在这个过程中，家长们要注意安全，保护好孩子，在这个前提下，让孩子尽情去探索，可以帮助孩子树立积极、乐观、热情的性格。

针对2～3岁的孩子：

处于这个阶段的孩子会更加不安分，这个时期的孩子自我意识逐渐觉醒，进入第一个反抗期，这也是孩子内心成熟的标志，家长们不要太过担心。

这一时期的孩子，他们自己的想法越来越多，什么事情都喜欢自己做，喜欢和父母对着干，不喜欢遵守规则，这一时期也是考验家长教育水平的时候。叛逆、不遵守规矩有的时候是孩子在打破桎梏，勇于创新的表现。针对这样的孩子，家长们要清楚让孩子遵守的是哪一类型的规矩，如果是不一定要遵守的，可以放松对孩子的要求，如果是一定要遵守的规矩，家长们要耐心的引导。

针对3～4岁的孩子：

处于这一阶段的孩子，不安分的程度会减弱，这个时期的他们喜欢和同伴玩耍并且会建立一个融洽的关系。他们身体中的不安分因素在逐渐减少。这个时候的他们可能会听家长的话，也可能会帮助家长做一些力所能及的家务。

如果这个时期的孩子仍然是很不安分的话，家长们首先要观察孩子的身体发育是否正常，要找出孩子不安分的原因。这一时期是塑造孩子良好行为习惯和性格的关键时期，爸爸妈妈一定要抓住这个机会。

针对4～5岁的孩子：

这是孩子最不安分的阶段之一，因为随着年龄的增长，心智越来越成熟，他们会发现自己的能量越来越大，发现自己越来越有本事。他们会觉得自己长大了，这个时候他们会模仿别人说脏话，同伴之间也会因为有分歧和矛盾而吵架，他们喜欢恶作剧，他们需要更大的舞台去挥洒自己的人生，这个时候的他们有着很多自己的想法。

针对 5～6 岁的孩子：

这一时期孩子不安分的主要表现是争强好胜，但是他们会有一定的节制和分寸，这个时候他们的心理已经开始成熟，他们变得懂事，知道关心别人，同时他们也有能力表达自己的情绪。他们的性格也会变得阳光开朗起来，慢慢地会接受一些规则，但是那些领导型的孩子仍然会表现得非常叛逆。

> **给家长的话**
>
> 不安分的孩子内心总有一颗躁动的心，他们喜欢打破常规，喜欢叛逆，让他们看起来不像是一个"乖孩子"。但是，在他们不羁的内心之下却是勇于冒险，追求自由，打破桎梏的开创精神，家长们千万不要因为所谓的权威伤害到孩子的天性，应该学会呵护自己的孩子，让他们健康快乐地成长。

顽皮的孩子，从搞破坏到爱创造

🎵 **宝妈**：宝宝快两岁了，特别顽皮还爱搞破坏，有时候刚买的玩具一下子就弄坏了，一会儿也闲不住，总是把家里弄得乱七八糟的，真不知道该如何是好。

好动的宝宝都是这样的，这是他们的天性，其实他们的破坏过程也是逐渐走向创造的过程。因为在不断的破坏过程中，孩子也是需要动脑子的，可以开发他们的智力，是他们创造力和想象力的证明。

壮壮今年五岁了，特别调皮，喜欢搞破坏，喜欢恶作剧。

壮壮的爸爸很喜欢喝茶，因此在家里有很多茶叶。这些茶叶在爸爸眼里非常珍贵，每次都舍不得喝太多，但是，这些茶叶在壮壮的眼里也不过就是和沙子一样的玩具罢了。

一天，爸爸、妈妈都不在家，壮壮把爸爸的茶叶拿了出来，和小朋友们一起玩和泥的游戏。他们把茶叶全部倒在了一个盆子里，然后倒上水，准备和泥，一整盒的茶叶在经过水泡之后，迅速变大了。壮壮看到变大的茶叶非常的新奇，于是就又拿来了一盒茶叶倒了进去。正在壮壮和小朋友玩得开心的时候，爸爸回来了。爸爸看到自己那么宝贝的茶叶就这样被浪费了，非常的生气。相反，壮壮却非常高兴地对爸爸喊："爸爸，你快看，两盒茶叶在水里可以把整个盆子都装满啊。"爸爸哪里听得进去这个，满脑子都是自己的茶叶，二话不说就打了壮壮的屁股。但这似乎并没有给壮壮带来多大的教训。

这一天，妈妈带他去大姨家玩。来到大姨家之后，壮壮就被大姨家的一只玩具青蛙给吸引住了，其实这就是一只普通的玩具青蛙，一按它就可以自己跳起来。大姨见壮壮非常喜欢，就递给壮壮玩。壮壮玩了一会儿，觉得没意思了，于是冒出了一个新想法。

他找到了一把螺丝刀，开始对青蛙"下手"了，没过一会儿，崭新的青蛙玩具就变成了一堆零件。壮壮似乎对自己的杰作很满意，还招呼妈妈来看。

壮壮："妈妈，你快过来看看。"

妈妈："你又干什么了啊。"

壮壮："你看我把这只青蛙给拆了。"

妈妈："你这个孩子真的是太不省心了，那是大姨给你姐姐新买的玩具，你姐姐还没有玩呢，你就给拆了，怎么这么气人呢？"

壮壮不以为然地说:"我再给装上不就好了吗?"

妈妈:"你怎么装啊?你会装吗?"

壮壮:"我刚才拆的时候记着步骤呢,我现在就重新组装。"

说着,壮壮就动起手来,一会儿弄弄这,一会儿弄弄那,过了一会儿,青蛙就被重新组装了起来,壮壮非常高兴地向妈妈展示自己的成果。妈妈看到壮壮成功组装完成了,向壮壮竖起了大拇指。

在这之后,妈妈没再阻止过壮壮拆玩具,而且壮壮似乎也热爱上了拆玩具,每次拿到新玩具之后,总是先要拆一遍,然后再重新组装,大部分的时候都会成功,但是有的时候也会出现多零件少零件的情况,但是这些都没有影响壮壮拆玩具的热情。

专家解读:

顽皮是孩子的天性,越是活泼好动的孩子,破坏力就越强,有的时候甚至会让大人忍无可忍。但是他们在拥有强大破坏力的同时,也拥有着强大的创造力。就像案例中的壮壮一样,他把爸爸的茶叶用来当沙子玩,把新玩具拆掉,在这个过程中,他是有所发现的。当他看到茶叶变大之后,他看到了变化,并且又倒了一盒,这看似在破坏,其实也是孩子探索的过程。而他在拆玩具的时候,在脑子当中也会记着过程,然后再将玩具重新组装起来,其实也是一种创造。看似在破坏,实际上是探索发现的过程。

好动的孩子总是会有用不完的精力,也会惹出一些麻烦。他们对于身边的人和事物总是有着浓厚的兴趣,他们总是想要尝试任何的事情,在好奇心的驱使下,总是想要探个究竟。但是,因为年龄太小,知识和能力有限，见识有限，以及手眼的协调能力还不完善，所以总是会惹出很多麻烦。就如案例中的壮壮，浪费大人的茶叶，玩具拆了会多零件或者是少零件等。

但是，搞破坏并不是孩子的初衷，这只是强烈好奇心、旺盛的精力以及心智不成熟的表现。所以，家长们尽量不要阻止孩子的这种破坏行为。家长们一定要搞清楚孩子破坏的原因，不同的破坏，家长要不同对待，切忌像案例中壮壮爸爸那样，对孩子采用体罚的方式，因为不是所有的孩子都像壮壮那样有强大的心理。如果强制地制止孩子的破坏行为，就会阻碍孩子创造力的发展，阻碍他们勇于探索的心。

> **给家长的话**
>
> 顽皮是孩子的天性，面对调皮的孩子，一味制止是不起作用的。家长们应该正确看待孩子的破坏行为，保护孩子的创造性，说不定能够培养出一个小小的发明家。但是故意的破坏就要及时制止，以免孩子成为真正的破坏大王，到时候再去制止就为时已晚了。

好胜的孩子，争先并不是坏事

宝妈：我家孩子特别喜欢出风头，争强好胜，真担心他这么爱出风头将来会在社会上吃亏。

对于孩子来说，好胜、争先并不是一件坏事。因为这样可以锻炼他们的领导能力和组织能力，为自己的目标不断奋斗，让自己的人生朝着更好、更高的方向发展。

第三章 正视外向型孩子的表现欲

小艾是一个特别喜欢出风头的人，在别人的眼里就是一个特别争强好胜的孩子。

小区里给孩子们新建了一个儿童乐园，里面有滑梯、秋千，小朋友看到这些东西都非常高兴，都想要玩。但是，因为人太多，孩子们又不懂得谦让，都想第一个玩，谁也不让谁，所以在滑梯的面前挤满了人。小艾看到乱糟糟的人群，就跑到了入口处，对着人群大声喊道："大家排好队，一个一个来，不要争不要抢，要不这样谁也玩不了了。"小艾的喊声似乎起到了作用，大家自动排成了一排。等大家都排好队之后，小艾首先上了滑梯，第一个滑了下来。这个时候，第二个小朋友又接着上去，第三个，第四个……没过多久，所有的人都玩了一遍。大家似乎都意犹未尽，都想要再玩一遍，这个时候小艾又跑到了滑梯的入口处，接着喊道："大家想要再玩的话，还是要排好队，我还是第一个先来。"说着就爬上了滑梯，在小艾的组织下，每个孩子都玩到了滑梯。

除此之外，小艾也非常地"爱管闲事儿"。一天，小艾从幼儿园回来，就在小区的儿童乐园玩。但是，在儿童乐园却并没有看到很多人，原来是滑梯坏了，很多想玩滑梯的小朋友都扫兴而归。小艾想：为什么滑梯坏了不赶紧修呢，不修好的话我们小朋友玩什么呢？于是，他就跑到了小区的物业中心，向物业经理反映了情况。没过多久，滑梯就修好了，孩子们又可以玩了，儿童乐园里又充满了孩子的笑声。而小艾也因为这件事成了小区孩子心目中的"孩子王"。

小艾在集体活动中也是非常突出的。

一次，小艾参加冬令营，冬令营中有一个活动就是几个人组成一队，穿过一片雪地去寻找宝藏。当分好队伍之后，老师让每个组都挑选出一个队长，在别人都犹豫不决、扭扭捏捏的时候，小艾首先举起了手，对老师说："我来当队长。"

当上队长的小艾带领着自己的队伍出发了，他走在最前面，对自己的队员说："大家都跟着我走，我带领大家去寻找宝藏，我是队长，大家都

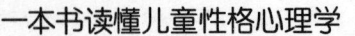

要听我的。"在前进的过程中，因为天气很冷，加上是雪地，很多人都想要放弃。这个时候小艾就喊道："大家听我的，我们手拉着手一起走，我们现在还不能放弃，我们一定要坚持找到宝藏。"在小艾的鼓励下，大家手拉着手，艰难地前进着。在他的带领下，大家终于到达宝藏所在的山洞，发现宝藏之后，小艾大喊道："大家不要动，我来看看是什么宝藏。"说着就打开了藏有宝藏的箱子，原来是用巧克力做的奖牌。小艾首先给自己戴上了一块，然后又给队伍中的成员分别都戴上了一块。

专家解读：

虽然小艾什么都要争先，但是也展现出了果断、勇敢、主动、富有冒险精神的性格。在其他小朋友都乱成一团的时候，他站出来维持秩序，让大家排成一队有序地玩滑梯；当滑梯坏了也是他主动找到小区的物业，让其维修好给大家带来了方便；当所有人都不想当队长的时候，他主动站出来承担起队长的责任，并鼓励队员最终找到了宝藏。当问题解决之后，小艾总是第一个享受成果，虽然看起来有点自私，但这也体现了小孩子的天性，也体现了孩子天真一面。具有这样性格的孩子将来成为领导的可能性是比较大的，也就是我们通常所说的领导型性格。

不是所有领导型的孩子都能成为领导，但凡是优秀的领导人大都具备这种性格。领导型的孩子喜欢出风头，在面对问题的时候也是当仁不让，积极解决问题，这样的性格经常会在人群中脱颖而出，成为人们关注的焦点。也许有的人会说，这样的孩子不够谦虚，但是正因为这种当仁不让的精神才让他们具备领导的风范，才能够展现出领袖的气质，才能够让人们信服。如果，所有的人都谦让的话，那么问题是得不到有效解决的。在任何一个团体当中，都需要这种领导型的人才，拥有这样的人才团体才能够得到更好的发展。

领导型的孩子具备强大的组织能力，他们所展现出来的领导力会让人很快信服。除此，他们还具备强大的抗压能力。如在很多领导型的人

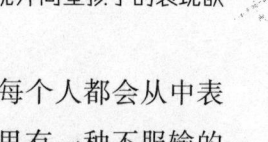

在一起的时候，他们能够形成一种竞争的合作关系，每个人都会从中表现出和其他人不一样的才能。这是因为在他们的骨子里有一种不服输的信念，即使是遇到了和自己能力相当甚至是比自己优秀的人，他们也不会失去信心，也不会让自己变得黯然失色，而是努力让自己变得更加优秀。

> **给家长的话**
>
> 当孩子总是争强好胜的时候，家长们不要太担心，这是他们的性格，而且这也是一种良好的性格。只要孩子想要表现就让他尽情地去表现，尽情地去发挥他的领导能力。在孩子展现出领导力的时候，也可以培养他们的责任心，培养他们的冒险精神。

爱出鬼点子的孩子，思维能力超常

♪ **宝妈**：我家孩子鬼点子真的是太多了，为了对抗家长真的是什么想法都用到了，有的时候她的想法真的是令人意想不到，要是她将这些小聪明用到学习上该有多好啊。

爱出鬼点子的孩子往往都比较聪明，有着超常的思维能力。因为每一次的鬼点子都是经过思考的，不断思考会促进他们智力的发展，长此以往，他们就会变得越来越聪明，他们的思维也会越来越活跃。

小月今年三岁了，这个小姑娘最大的特点就是鬼点子特别多。

有一天，小月的叔叔来到家里做客。上次叔叔来家里做客时用一只玩

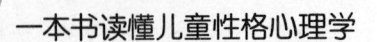

具老鼠将小月吓得够呛，这次小月决定"报复"叔叔一下。于是，她拿着一瓶酸奶在叔叔面前得意扬扬地晃悠，这个时候叔叔就逗她说："小月，把你的酸奶分给叔叔一点好吗？"

小月摇了摇头，叔叔非常的失望。

看到叔叔失望的表情，小月笑着说："你想喝酸奶可以啊，夸夸我就给你喝了。"

叔叔见有机会，赶忙说道："小月真漂亮，小月是个听话的好孩子，小月最乖了，给叔叔喝点酸奶吧。"

看到叔叔这么夸自己，小月递过手中的酸奶，并且露出了诡异的笑容。

叔叔接过酸奶之后，就喝了起来，喝了一口之后就全部吐了出来。一边吐一边问小月："这是什么味道啊？你往里面放了什么东西啊？"

小月哈哈大笑起来，说："哈哈，我在里面放了盐、胡椒面、味精、辣椒面，还有醋，怎么样味道可以吧？"

叔叔擦了嘴巴说："你这个孩子想要干什么啊，为什么要这么'陷害'你叔叔？"

小月生气地说："谁让你上次用老鼠吓我呢，我也要让你尝尝苦头。"

叔叔："你这个小鬼头，怎么鬼点子这么多呢？"

小月朝叔叔做了个鬼脸。

专家解读：

这种性格的孩子经常能够想出异于常人的点子，虽然这些点子有时是恶作剧或者是为了逃脱某种惩罚以及不想做的事情，这些异于常人的想法经常让这些孩子成为孩子群中的佼佼者，让他们成为名副其实的"孩子王"。虽然这些鬼点子能够受到孩子们的欢迎，但是却让家长们十分头疼，家长们会绞尽脑汁去和他们斗智斗勇。

爱出鬼点子的孩子思维都是比较活跃的，你想出制止的办法，他们就会想出其他的办法。所以，家长们与其费尽心机去阻止他们，还不如引导他们把奇思妙想用到学习上来，让他们的聪明可以发挥到好的方面。家长们可以鼓励孩子在学习上多用心，不要总是将聪明用到鬼点子上，将他们的精力用到创新和学习上，这样他们的创新思维才能得到更好的发展，他们的聪明才智能够得到更好的发挥。

> **给家长的话**
>
> 当你面对孩子的鬼点子的时候，首先应该感到高兴，因为这说明你的孩子足够聪明。给予孩子正确的引导，可以在平时多带孩子做一些游戏，多带他参加一些科学实验活动，让孩子参加一些手工制作，激起孩子对于创作的兴趣，让他们多花些心思在这些和学习与创造有关的事情上，这样才能够让他们的思维得到一个良性的发展。

倔强的孩子，好胜要强

🎵 **宝妈**：我家孩子真的是太倔强了，明明是他犯了错误，可是他就是不承认。面对这样的孩子该如何是好呢？

倔强的孩子一般好胜、要强，虚荣心比较强，比较好面子。所以，在他们犯错的时候，他们是不愿意低下头去承认错误的。所以，在面对这类孩子的时候，家长们一方面要顾及孩子的面子，另一方面要耐心地引导孩子去正确看待荣誉，勇于承担他们应该承担的责任。

东东是个上幼儿园中班的小男孩，虽然年龄很小，可是他的嘴巴却很厉害，平时做错了事情，他总会据理力争，坚决不承认自己的错误。

一次，幼儿园举办了"四足三脚"接力赛，游戏规则是两个人一组，将其中的两只脚绑在一起，依靠两人的合作跨越障碍。东东本来想要和另一个小男生分在一组，但是老师偏偏将他和一个叫然然的女生分在了一组，这让东东非常不满。

第一轮比赛开始，由于东东太着急了，哨声一起，东东就急忙走了起来，根本没有顾上两个人的脚是绑在一起的，让然然摔了一个大马趴，然然坐在地上委屈地哭了起来。东东并没有去扶然然，而是生气地说："你怎么这么笨啊，能不能快一点啊，你还哭呢，都怪你，我们被别人落下了那么多。"然然听到东东这么说自己，哭得就更厉害了。老师见状只好扶起然然，安慰了一会儿，才接着进行比赛。在第一轮比赛当中，由于然然摔倒了，两人并没有取得好成绩，这让东东非常的生气。

第二轮比赛开始，这次东东吸取了上次的教训，没有走得很着急，然然费劲地跟上东东的脚步。这次看起来一切都很顺利，但是在跨越板凳障碍的时候，两个人还是没能配合好，一个想从左面越过去，一个想从右面越过去，结果两个人都重重地摔倒在了地上，眼看着就要取得胜利了，可是因为这一摔，两个人又落后了好多。这让东东非常生气，埋怨到："你怎么这么笨呢，为什么不从这边越过去呢？这样我们就不会摔倒了。"然然想要说什么，东东又立马说："你还想说什么，都因为你，我们才没有取得胜利，赶快起来吧，我们还要走到终点呢。"然然只好站起来继续和东东一起走。走到终点之后，东东解开绑在脚上的绳子，非常生气地说："下次再也不和你一组了，都怪你，我们才没有取得胜利。"然然听到东东这么说之后，非常委屈地哭了起来。东东看到然然哭了，生气地说："就知道哭，我们比赛都输了，你再哭也没有用啊。"

然然也非常生气，对东东喊道："都怪我吗，谁让你那么着急呢，而且往这边往那边也没有事先说好，怎么能只怪我一个人呢，你不和我一组，我下次还不和你一组呢，哼。"说完这句话，然然就生气地跑开了。东东追了上去，从后面将然然推倒在地。这个时候然然更加委屈了，哇哇大哭起来。老师见到然然摔倒了，就赶忙过来扶起然然，教育起了东东。

老师："快向然然道歉。"

东东："我不要。"

老师："你把然然推倒了，怎么不向她道歉呢？"

东东："我又不是故意的。"

老师："不是故意的，你也要道歉啊。"

东东："我不要，是她惹我生气，我才推倒她的，而且都是因为她，我们的比赛才输了。"

老师说："比赛输了并不能将责任推到一个人身上，既然是两个人的比赛，输赢肯定是和双方都有关系的，这个游戏本来就是相互配合才能够赢。你一心只想赢得比赛，根本没有顾及然然，所以你们的比赛才输了。而且，即使是她惹你生气，你也不应该去推她，动手推人是不对的。所以，你必须向然然道歉。"

见到老师这么严厉地批评自己，东东貌似也认识到了自己的错误，也哭了起来。老师见到东东哭了，原本以为东东会向然然道歉，可是东东却并没有向然然道歉。无论老师怎么说，东东就是拒绝道歉，挂着眼泪的脸上显现出了倔强，这让老师非常的无奈。

老师就将这件事情告诉了东东妈妈，妈妈也非常生气，让东东去道歉，可是东东仍然拒绝，妈妈甚至生气地打了东东，可是东东仍然拒绝道歉。

专家解读：

东东的这种行为其实是好胜心太强的结果，因为领导型的孩子的确在团队生活中容易表现出强势的一面。他们争强好胜，追求荣誉和胜利，他们不愿意面对失败，总是希望在比赛中打败别人，取得比赛的胜利。一旦没有取得胜利，他们就会非常的生气，即使有的时候是因为自己的错误没有取得胜利。案例中的东东就是这样一个人。

在比赛失败的时候，东东将责任全部推到然然的身上，即使在比赛的过程中两个人都有责任。因为东东好胜心强，他希望在比赛中有指挥权，要以自己为中心，可是然然并没有完全按照东东的意愿来，这让东东非常生气，并将失败的责任全部都推到了然然的身上。当然然据理力争的时候，东东觉得受到了冒犯，就推倒了她。即使是老师对东东进行了严厉批评，东东似乎也认识到了自己的错误，但是，因为东东非常要面子，他坚决不给然然道歉。东东的表现完全符合了领导型性格好胜心强的特点。

这种性格的人虽然争强好胜，但是在他们的身上存在一个缺点——喜欢推卸责任，这是领导型孩子内心软弱的一种表现。这往往体现在他们在遭遇失败或者是做错事情想要逃避惩罚的时候，他们会把责任推到别人的身上。当自己的谎言被揭穿的时候，为了面子，即使他们认识到错误，也会拒绝道歉。这就是领导型性格的人在面对错误时往往不愿认错和倔强时体现的结果。

但是，父母需要注意的是不要让孩子的这种倔强成为他们逃避责任的保护伞，要引导孩子面对错误帮助孩子建立一个强大的内心。因为拥有强大的内心能够帮助他们正确认识到自己的错误，而不怕面对失败，正视自己的错误，对待胜利有一个正确的态度，不逃避自己的责任。同时，还要帮助孩子建立正确的价值观，让他们正确看待胜利和荣誉。

> **给家长的话**
>
> 　　家长们应该正确面对孩子的执拗，了解执拗背后孩子的心理，只有这样，才能够了解孩子的动机，帮助孩子更好地解决问题。

爱捣蛋的孩子，精力充沛

🎵 **宝妈**：我家孩子实在是顽皮，总也闲不住。他总有用不完的精力。人家孩子都在午睡的时候，他在那里玩。等到人家都睡醒了，他仍然在那里玩，让他睡个觉真的是太费劲了。真不知道该怎么办？

好动的孩子有用不完的精力，他们对事情充满着好奇心，保持着充足的精力。如果强行制止的话，对孩子有着非常不好的影响。所以，在面对好动的孩子的时候，家长们可以让孩子"动"起来，充分发挥他们的精力。

牛牛的家人都有午睡的习惯，但是牛牛似乎并没有这个习惯，每当家人午睡的时候，就是他最活跃的时候。这让家里人十分头疼，爸爸妈妈忙了一上午，中午回到家想要好好休息一下，可是总是被牛牛给打乱，不是将电视声音调得很大，就是去厨房将盆子摔在地上，弄出很大的声响，再不就是去卫生间里将洗手池里放满水，嘻嘻哈哈地玩水。妈妈对此总是叫苦不迭。

一天，妈妈吃完午饭，仍然是在各种担心中准备小憩一会儿，可是妈妈都快要睡着了，家里仍然是非常的安静。难得的安静让妈妈进入了梦乡，就在妈妈睡得正香的时候，突然听到了一阵敲

门声。妈妈赶紧起床去开门，敲门的是隔壁的李大爷，只见李大爷非常生气地拉着牛牛，手里抱着一只湿漉漉的猫。

李大爷："你家孩子真的是太气人了。"

妈妈："李大爷怎么了啊？"

李大爷："你家孩子中午不睡觉，跑到楼下去玩，看到我家的猫就把它扔到水里，捞起来又扔进去，真的是太气人了，要不是我看见，指不定把我家猫祸害成什么样子呢。我看到之后，这个小家伙一溜烟就跑了，好不容易追上，快累死我了。"

妈妈看到李大爷旁边的牛牛在偷笑，就赶紧拉过牛牛，让牛牛给李大爷道歉。牛牛给李大爷道了歉之后，妈妈也向李大爷道了歉，李大爷才抱着他的猫回家了。

于是妈妈就想尽各种办法，不让牛牛看电视，强制牛牛睡午觉，但是这些都无济于事，牛牛总是会想尽各种办法动起来。

一天，妈妈带着牛牛去商场买东西，商场里正在举办一场儿童架子鼓比赛，孩子们正在卖力地挥动着手里的鼓槌，脚有节奏地蹬着踏板，小脑袋随着音乐不停晃动，用小小的身体演奏出了极具震撼力的音乐，吸引了很多人驻足围观。好动的牛牛也被吸引住了。他两眼放光，目不转睛地盯着那些小朋友表演。当所有的表演都结束之后，牛牛还是不愿意离开，站在舞台前面，眼睛盯着架子鼓发呆。最后在妈妈三番五次地催促之下才离开了。妈妈见到牛牛这么喜欢架子鼓，突然心中冒出了一个想法，干脆让他去学架子鼓好了，让他有点事情做。

回到家之后，妈妈把这个想法跟爸爸说了，爸爸也是非常的同意，于是就给牛牛报了一个架子鼓的班。学习架子鼓也是很费体力的，虽然很累，但是牛牛似乎对其保持了很大的热情，每天都非常认真地学习，认真地练习。看着牛牛认真的样子，爸爸妈妈非常的高兴。而且，在练了架子鼓之后，牛牛每天都要耗费大量的精力，自己每天中午也会睡上一觉，也不再影响爸爸、妈妈午休了。

专家解读：

从生理学角度来看，孩子精力旺盛在很大程度上是由遗传因素决定的。精力旺盛的孩子往往会分泌比普通孩子更多的肾上腺素，这样他们就会比其他的孩子更加好动、调皮，有着用不完的精力。这让很多家长十分头疼。家长们既要忙工作，又要做家务，一天下来很是疲惫，可是还要面对像猴子一样上蹿下跳、调皮捣蛋的孩子，本来想好好休息一下，可是总是被孩子干扰，但是，孩子却不以为然。

家长们应该做的是让孩子更好地动起来，消耗他们过剩的精力。就像案例中的牛牛一样，虽然十分好动，但是妈妈在发现牛牛对架子鼓有兴趣的时候，就帮他报了一个架子鼓班，让他的精力全部都集中到架子鼓上，既培养了牛牛的兴趣，也让牛牛的精力得到宣泄，不再那么漫无目的地瞎捣蛋了。

> **给家长的话**
>
> 我们能够做到的是帮助孩子找到一个正确发挥多余精力的活动，帮助他们消耗掉多余的精力，培养他们的内心，让他们"动"得有价值。

给孩子封"官"，发挥其领导力

宝妈： 我家孩子是小区里的孩子王，号召力很强，总是能够将小区里的孩子聚集到一起，并且听他的指挥。但是，令人担心的就是他总是会欺

负比他小的孩子，或者是他看不惯的孩子。经常把他们欺负哭，好多家长都找过我，真的不知道该怎么办了。

无论是在小区还是在学校，总是有一些孩子，他们极具号召力，身边总是围绕着很多的追随者。但是，这样的孩子也有时会利用这个优势去做一些让人头疼的事情，比如欺负小朋友，孤立某个人等。所以，为了发挥他们的优势，可以适当地给这些孩子一些"官职"，让他们的领导力得到发挥。

茹茹因为身体的原因，幼儿园毕业之后并没有去上一年级，而是留在家里养身体。当小区里同龄的孩子都去上学之后，就剩下茹茹一个人非常的孤单。因为茹茹没有上学，有些上了一年级的孩子瞧不起茹茹，总是将她孤立起来。

一天，茹茹正一个人在小区的秋千上玩，这时已经上一年级的孩子王睿睿带着几个小男孩跑了过来。

睿睿："你到一边去玩，这里是我们一年级孩子玩的地方，滑梯那里才是你们幼儿园孩子应该玩的地方。"

茹茹："我能不能和你们一起玩呢？"

睿睿："上幼儿园的小屁孩怎么能跟我们上一年级的孩子玩呢？你快去那里玩吧。"

茹茹只好一个人走到滑梯旁边去玩，在茹茹走之后，睿睿和其他几个小男孩迅速占领了秋千这片区域。这一切都被茹茹的妈妈看在眼里，她看到茹茹一个人孤独地玩滑梯，心里非常难受。怎样才能让茹茹和孩子们成为好朋友呢？经过了一番思索之后，妈妈终于想到了一个办法。

第三章 正视外向型孩子的表现欲

一个周末，茹茹仍然是一个人在小区里玩，睿睿来了之后仍然是把茹茹赶到了一边。这个时候茹茹的妈妈将睿睿叫过来。

茹茹的妈妈："你叫什么名字啊？"

睿睿："我叫睿睿，你是谁啊，你找我有什么事情吗？"

茹茹的妈妈："我是茹茹的妈妈。"

睿睿："谁是茹茹啊？"

茹茹的妈妈："茹茹就是刚才被你们赶到滑梯边去玩的那个小姑娘。"

睿睿："阿姨，我们错了。"

茹茹的妈妈："阿姨没有怪你们，茹茹因为身体的原因没有上一年级，但是她很想成为一名少先队员，想要戴红领巾。你帮阿姨一个忙好不好。"

睿睿："阿姨，帮什么忙啊？"

茹茹的妈妈："你可不可以充当一下少先队的队长，和你的那些小伙伴们模仿一下你们加入少先队的情景，让茹茹戴上红领巾。"

睿睿："好的，阿姨。"

睿睿接过茹茹妈妈手里的红领巾，将其他几个小朋友叫了过来，耳语了几句之后，就开始了他们的计划。他们将茹茹叫了过来。

睿睿："茹茹，我是少先队的队长，邀请你加入我们的队伍。"

茹茹听到之后非常的高兴，积极地加入到了睿睿的队伍中，这个时候睿睿又拿出了队长的气势，训练起了自己的队伍。

"所有人站成一排，稍息，立正。"

茹茹和其他几个小朋友在睿睿的命令下完成了所有的动作，这个时候睿睿又喊了一句："茹茹同学出列。"茹茹迈着不是很熟练的步伐走出了队伍，睿睿将红领巾戴在了茹茹的脖子上，茹茹高兴地回到了队伍中。

这个时候，睿睿朝着茹茹的妈妈做了个鬼脸，茹茹的妈妈向睿睿竖起了大拇指。在这之后，睿睿就和茹茹成了好朋友，睿睿总是带着茹茹玩，茹茹也变得更加活泼开朗起来，也不再欺负小朋友了，会组织小朋友们在一起做游戏，让小区里的孩子们玩得更好了。

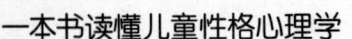

专家解读：

对于"领导型"的孩子来说，他们最突出的特点之一就是具有领导才能，喜欢掌控、命令他人，喜欢让别人听从自己。他们不喜欢屈服于权威，更不愿意在他人的掌控之下。这样的孩子往往极具号召力，但是如果家长们不能够将这种号召力很好地发挥出来，他们就会利用这种号召力搞破坏，就比如案例中的睿睿，他是会欺负、孤立其他的小朋友的。如果对这样的孩子采用强硬的态度，只会激起他们的逆反心理，利用自己的号召力做出更大的破坏。而解决问题最好的办法就是利用他们的号召力，充分发挥他们的领导才能，让他们的领导能力用到好的方面。

案例中的茹茹妈妈充分认识到了这一点，在自己的女儿受到孤立后，她虽然也很生气，但是并没有采用极端的方法，而是让睿睿充当队长，请他帮助茹茹戴上红领巾，当睿睿接到这一任命之后，就展现出了领导才能，成功地帮助茹茹戴上了红领巾，而且还和茹茹成了好朋友。这一次的"当官"经历也让睿睿得到了改变，成了小区里受欢迎的孩子王。

睿睿之所以会有这么大的改变，也是由"领导型"孩子的性格特点决定的。因为大部分的孩子在成为真正的领导之后，他们对自己的要求就会变得严格起来，更好地履行领导的职责。除此之外，在这种人的身上，还具有强烈的责任心，一旦他们的责任心被激发，他们就会尽全力履行自己的责任，更好地担负起管理的责任。

给家长的话

孩子具有领导能力是很好的一件事情，但是一定要让其有一个正确的发挥，无论是家长还是老师，都应该让孩子的领导能力得到正确地发挥，让孩子成为一个受欢迎的孩子王。

和谁做朋友,让孩子自己决定

♪ **宝妈**:我女儿总是和那些调皮捣蛋的孩子在一起,整天东跑西颠,翻墙下水的,和她说应该和小姑娘一起玩,不要总是和这些小男孩在一起,但是她就是不听。真担心她将来会变成个"假小子",这可怎么办才好呢?

　　孩子和谁做朋友,应该让孩子自己去做决定,因为交朋友是孩子自己的事情。如果家长过分干涉,可能会影响到孩子的交际能力。因为小孩子之间的感情是很单纯的,家长不应该加入过多的成人因素,这样会影响到孩子的价值观。家长们应该维护的是孩子之间简单的关系,帮助他们建立更好的友谊,应该引导他们去怎样交朋友,而不是决定他们交什么样的朋友。除此之外,从小就引导和帮助孩子自己决定,可以让孩子成为一个有主见的人,不会使其随波逐流。所以,为了更好地爱孩子,就放手让孩子自己去做决定吧。

　　蕊蕊三岁了,非常的开朗活泼,小家伙对于朋友也十分热情,自然就交到了很多的朋友。朋友多自然是一件好事,但是其中也会有一些"坏"朋友,这也是妈妈最担心的事情。

　　小区里有很多和蕊蕊年龄差不多的孩子,大家经常见面也就成了朋友。每次下楼的时候,蕊蕊都会找自己认识的朋友玩,见不到他们的时候,蕊蕊就会非常失望。当见到熟悉的朋友的时候,蕊蕊就会非常高兴,也不会再黏着妈妈,会挣脱妈妈的怀抱,和小朋友亲亲抱抱,会和小朋友一起高高兴兴地玩游戏。

　　小区里新搬来的一家人有个小孩叫曼曼，和蕊蕊玩了几天之后就成了好朋友，但是妈妈对蕊蕊的这个新朋友好像并不满意。曼曼是一个活泼可爱的小姑娘，两个人成为好朋友之后，曼曼经常来蕊蕊家里玩。

　　一天，曼曼来找蕊蕊玩，进门之后，曼曼先和蕊蕊的妈妈打了声招呼，然后就开心地和蕊蕊玩了起来。她们先是玩了一会儿芭比娃娃，就去看电视了，看完电视之后，两个人似乎没什么可玩的了。这个时候，曼曼突然想到了一个好主意。

　　曼曼："蕊蕊，你喜欢跳舞吗？"

　　蕊蕊："跳舞？我在电视看到过，但是我从来没跳过。"

　　曼曼："我来教你跳舞吧。"

　　蕊蕊："你会跳舞？"

　　曼曼："对啊，我的妈妈是舞蹈老师，经常教我跳舞。"

　　蕊蕊："好啊好啊，我们一起跳舞吧。"

　　说着，曼曼教蕊蕊跳起了"小苹果"，刚开始的时候蕊蕊跳得并不是很好，跳了一会儿，蕊蕊好像对舞蹈产生了兴趣，就非常认真地学了起来。妈妈看着蕊蕊跳得十认真的样子，心里很高兴，女儿终于对某件事情产生了兴趣。这个时候，门铃响了，妈妈赶紧去开门，原来是曼曼的妈妈来接她了。

　　曼曼的妈妈长得很漂亮，但是在她的胳膊上有一块文身，这让蕊蕊的妈妈有些反感。因为，蕊蕊的妈妈生活在一个传统的环境里，认为有文身的人"不正经"，如果有一个这样的妈妈，孩子肯定也会受影响的，那么女儿和这样的人交朋友也会受到影响的。因此，在曼曼走后，妈妈就对蕊蕊进行了一番"教育"。

　　妈妈："蕊蕊，以后不要再和曼曼玩了。"

　　蕊蕊："为什么啊，曼曼可是我最好的朋友。"

　　妈妈："你以后不要和她做朋友了。"

　　蕊蕊："为什么啊，我和曼曼玩得很开心啊，而且曼曼还教我跳舞呢？

我要和她做朋友。"

虽然，女儿不是很情愿，但是为了不影响女儿，妈妈还是决定不让女儿再和曼曼交朋友了。曼曼来找蕊蕊玩，妈妈就说蕊蕊生病了，不让曼曼和蕊蕊一起玩。蕊蕊非常地生气，总是吵着要和曼曼一起玩，平日里活泼开朗的蕊蕊就好像变了一个人一样，每天都是闷闷不乐的，妈妈看在眼里也非常着急。

妈妈仔细想想，虽然曼曼的妈妈有文身，但是看起来并不像一个坏人，而且曼曼也十分懂礼貌，每次来到家里都会先和她打招呼，也从来不做让人讨厌的事情，总是"规规矩矩"地和蕊蕊一起玩，也不会捣乱。蕊蕊和她在一起玩好像也并没有受到什么影响。小孩子之间的友谊哪有那么复杂，只要玩得开心就可以了。妈妈想开之后，就不再限制蕊蕊和曼曼交朋友了。与曼曼恢复友谊之后，蕊蕊又恢复了活力，每天都是开开心心的，两个小家伙每天都腻在一起，蕊蕊似乎对跳舞产生了更大的兴趣，曼曼的妈妈也非常热心地给蕊蕊做起了指导，而且帮蕊蕊选了比较好的舞蹈班。

看到这一切，蕊蕊的妈妈终于认识到了自己的错误，不应该因为一个文身就否定一个人，而且也不应该用大人的眼光去审视孩子之间的友谊。

随着蕊蕊的朋友越来越多，蕊蕊变得更加自信，更加热情，而且舞蹈也跳得越来越好了。

专家解读：

其实，小孩子之间的友谊是很简单的，他们没有什么利益纠纷，也没有什么感情纠葛，只要玩得开心就是好朋友。孩子之间的友谊是很纯洁的，如果家长非要横插一刀，干涉孩子交朋友的话，那么孩子就会失去朋友。如果孩子没有朋友的话，那么就会影响到孩子的交际能力、语言能力和适应社会的能力，这对孩子的影响很大。

朋友的影响也很大，就像案例中的曼曼，她和蕊蕊玩舞蹈的游戏，从而激发了蕊蕊对舞蹈的兴趣。如果，妈妈坚持不让蕊蕊和曼曼交朋友，那

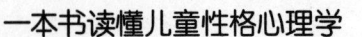

么蕊蕊也许就会失去对舞蹈的兴趣。而且，如果家长总是干涉孩子交朋友，不让孩子自己去做决定，孩子就很难独立起来，孩子也会成为一个没有主见的人。

热情的孩子，无论走到哪里，他们都能很快和别人打成一片，能够很快融入新的环境，这样的孩子往往适应能力比较强，他们的身上总是散发着光芒。但是，这样的人性格大大咧咧的，感情没有那么细腻，家长们就会担心孩子交到不好的朋友怎么办。

其实，家长有这样的担心是可以理解的，毕竟小孩子的心智还没有成熟，想法也是很简单的，也并没有明辨是非的能力。家长们担心是必要的，但是不要对其进行过分地干涉，不让孩子和某个小朋友交朋友，这会让孩子十分迷茫。除此之外，还有可能激起孩子的逆反心理，你越不让他和谁玩，他偏要和谁玩，这样教育起来就非常的麻烦。

家长不要轻易对孩子的朋友下结论，有可能你对他的印象并不是很好，对他并不是很了解，但是孩子和他相处了很长的时间，应该多听孩子说，在有了充分的了解之后，再下结论，要相信孩子的判断力。没有完美的孩子，每个孩子身上肯定都会有好的一面，有不好的一面，我们应该帮助孩子多看朋友好的一面，培养孩子的宽容之心，他们会理解别人和包容别人，他们的心胸也会变得更加宽广。

给家长的话

善于交朋友是一件好事，可以锻炼孩子的语言能力和交际能力。而且在和朋友游戏的过程中，也可以锻炼孩子的组织能力和处理问题的能力。因为，朋友之间肯定会做一些事情，也会出现矛盾。这个时候，也是锻炼他们各种能力的时候。让孩子自己决定去和谁交朋友，还可以锻炼孩子明辨是非的能力。所以，放手让孩子自己去做，给孩子一片自由的天空。

第四章
妈妈的乖宝宝，内向型孩子需要引导

　　内向型的孩子在父母的眼里都是非常乖的孩子，但是他们也有让父母担心的地方。内向型的孩子往往有一颗脆弱的心灵，这颗心灵一不小心就会受到伤害，孩子就会变得抑郁寡欢，对自己失去信心。所以，在面对内向型的孩子的时候，家长都必须非常小心。内向型的孩子除了胆怯、懦弱、心思细腻之外，他们也有着非常强的个性，那就是非常自我。这种自我是和外向型的孩子有着很大的区别，他们不会和家长有强烈的矛盾，他们只是在内心默默地遵守着自己的规则，虽然有的时候嘴上会答应父母，但是在私底下还是会坚持自己的原则，也就是有些父母口中通常所说的"蔫坏"。内向型的孩子还有一个毛病就是喜欢拖延，因为个性的原因，他们做事情总是不紧不慢的，做事情拖沓。而面对内向的孩子，家长们的教育也要讲究一定的方法，需要耐心地引导，不要过多干涉，因为内向型的孩子总是把很多想法埋藏在心里。因此，对于内向型的孩子，家长们要多一些耐心，多一些技巧。

自卑的孩子太羞涩，不敢表现

🎵 **宝妈**：我家孩子人一多就不敢说话，十分羞涩，更别提干其他的事情了。明明在家练得很好的钢琴曲，可是一到老师面前说什么也弹不出来，真的是替她着急啊。

孩子胆小是因为自卑，自卑的孩子因为缺乏信心，他们在人多的情况下就会表现得非常羞涩，会认为自己表现得不好，心里会非常恐惧，越是紧张和恐惧，就越表现不好。

妈妈带着菁菁回到了家里，妈妈的脸上不悦，菁菁也是垂头丧气的。爸爸看到情况不对，就赶紧问起了情况。

爸爸："回来了，怎么回事啊，怎么都不高兴啊？"

妈妈无奈地说："你说这个孩子，她在家里练琴练得好好的，可是到了学校里就什么都弹不出来了。我跟老师说她学过，老师都不信，只好从头到尾又教了一遍。"

爸爸听到之后，疑惑地问菁菁："菁菁，怎么回事啊，怎么会弹不出来呢？"

菁菁撅起嘴，委屈地说："我怕老师。"

爸爸看着菁菁，和蔼地说："那你现在能弹吗？"

菁菁肯定地点了点头。

爸爸："来，那你现在给爸爸弹一首。"说着就把菁菁拉到了钢琴前面。坐到钢琴前，菁菁熟练地弹了起来。

爸爸听完之后说："这不是弹得挺好的嘛，这个曲子是你什么时候学会的呀？"

菁菁："早就学会了啊。"

爸爸："那今天上课的内容你会不会呢？"

菁菁："会啊，老师都教过。"

爸爸："那你为什么不跟老师说呢？"

菁菁委屈地说："我不敢。"

妈妈着急地说："菁菁，妈妈不是跟你说过了嘛，你就把钢琴教室当成家，把老师当成妈妈不就行了嘛。"

菁菁无辜地说："我怕，到了教室里什么都忘记了。"

妈妈听后非常无奈，爸爸说："你有什么好怕的，你这么胆小可怎么办啊？"

为了锻炼孩子的胆量，第二天早上爸爸就带着菁菁出门了。菁菁非常疑惑地问："爸爸，你这是要带我去哪里啊？"

爸爸："哪儿人多去哪儿。"

爸爸选的地方是菜市场。

来到菜市场之后，爸爸将菁菁放到了一个摊铺的台子上，对菁菁说："这里人多，你就在这里唱歌。"

菁菁看着人来人往的人群，说什么也唱不出来。

爸爸见菁菁不敢唱出来，就鼓励菁菁说："菁菁不要怕，你只要把这些人都当成水果和蔬菜就行了，现在就你一个人呢，不要怕，大声唱出来就好了。"

菁菁仍然是唱不出，爸爸这个时候非常严厉地说："你唱不出来，我们今天就不要回家了，你就一直站在这里。"

看着爸爸严厉的样子，菁菁非常害怕，强忍着泪水唱了起来"小小蜡笔，穿花衣……"，虽然是唱出来了，可是声音非常小，很快就被淹没在了嘈杂的人群当中。爸爸在一旁大声地喊："大点声，不要怕，这里就你一个人。"

可是菁菁仍然非常害怕，看着越来越多的人，最后竟然哇哇大哭起来。看着哭得越来越厉害的菁菁，爸爸只好把她抱了下来，拉着她回家了。

专家解读：

当其他人都能够大大方方地弹奏出曲子，像一个小小的钢琴家的时候，自己的孩子却因为胆小什么也弹不出来，只能坐在台上发愣，无论你在台下怎么提示，可她就是纹丝不动，只是坐在那里。这个时候，坐在台下的爸爸、妈妈肯定会非常失望，明明在家里练得很好，可是到了教室里为什么就弹不出来了呢？为什么别人家的孩子就可以那么自信，他们就可以轻松自如地弹奏出来，而自己的孩子却那么胆小呢？

其实，孩子胆小的背后是因为心理上的自卑，这种自卑导致他们非常的不自信，在外人或者是人多的情况下就会表现出怯场，就会不敢去表现自己。就像案例中的菁菁一样，明明在家里练得很好，而且老师教过的东西也都会，可是她不敢去和老师说，也不敢在老师的面前弹奏，原因就是她太自卑，对自己没有信心，怕自己表现得不好。而菁菁的爸爸虽然知道菁菁胆小的原因，但是无奈纠正的方法也比较极端，并没有帮助菁菁建立起自信。家长们在面对孩子自卑的时候，不要采用极端的方法去纠正孩子，而是应该先分析孩子自卑的原因，然后再对症下药。

那么，引起孩子自卑的原因有哪些呢？

首先是主观原因。这主要是由孩子的天生性格决定的，自卑的孩子通常都是性格内向、羞涩的，他们不愿意在众人面前表现自己。相反的是，他们愿意一个人安安静静地待在角落里，不希望有人去打扰他们。即使他们很有才华，他们也不愿意主动去展示自己的才华。这个时候，家长们应该给予孩子多一些的鼓励，多带孩子参加一些集体活动，让孩子体会到集体活动的乐趣。鼓励孩子多在人前讲话，即使孩子讲得不是很好，家长也要进行适当的鼓励，帮助孩子消除恐惧心理，帮助他们更好地建立信心。

其次是客观原因。这主要是家庭环境的影响，家庭教育过多地保护和过于严厉都会造成孩子自卑的心理。自卑的孩子往往经受不住失败的打击，为了逃避失败，他们宁愿将自己隐藏起来，不去表现自己，通过这样的方式来保护自己的自尊。这样的人不相信自己，也不相信他人，他们不相信自己有能力去完成一件事情。如果这个时候，家长们仍然采取严厉的态度或者是不舍得放手的话，那么就会加剧他们的自卑心理，会让他们变得更加怯懦，以至于在长大之后也不敢自己独立地去面对生活中的困难，这对孩子的成长是不利的。因此，家长在面对这个问题的时候，尽量让自己有一个平和的心态，不要对孩子有过高的要求，让孩子顺其自然地发展，不要对孩子干涉太多。对于自卑的孩子来说最好的方式就是温和的教育和长久的陪伴。

> **给家长的话**
>
> 自卑的孩子并不代表着懦弱，他们只是对自己没有信心，不敢去表现自己而已，他们更应该得到家长的鼓励和支持，适当的鼓励和支持会帮助孩子建立信心，帮助他们走出自卑的阴影。如果一味地责骂，只会将孩子推向懦弱的深渊无法自拔。

胆怯是因为孩子太脆弱

🎵 **宝妈**：我家孩子胆小、怕黑，怕在公共场合讲话，还特别依赖我，有的时候带她出去，让她自己去玩点什么，她都不敢，非要拉着我去，要不我就得陪在身边。在外面也不敢大声说话，有的时候甚至自己的权益遭到了侵害，也不敢说什么，而是默默地承受着，真不知道这个孩子怎么这么胆小。

胆小的孩子属于亲切型的性格特点，他们天生胆小、怯懦，这是他们与生俱来的气质，除此之外，也受家庭环境和家庭教育的影响。孩子的性格对于孩子有着很大的影响，家长们应该帮助孩子养成良好的性格，为孩子将来的学习、生活、工作打下良好的基础。

霓娜已经上小学了，可是非常胆小。老师批评几句，回到家之后就会哭个没完；做作业的时候遇到了难题就不想去做了；在生活中遇到困难的时候，也总想着逃避；特别怕黑，害怕雨雪天……

一天，霓娜正在学校上自习课，可能是因为沉闷的自习课太无聊了，班里的捣蛋鬼——小杰突然大声喊了一句："地震啦，快跑啊。"全班人听到这句话之后，有的吓得往外跑，有的吓得躲到了桌子底下。而霓娜更是吓得不轻，躲在桌子底下哇哇大哭了起来。因为动静太大了，班主任都出来处理了，班主任向同学们解释没有地震，只是小杰开的玩笑，并且对小杰进行了严厉的批评。当所有人都平静下来的时候，霓娜仍然在小声啜泣，老师只得上前去安慰，可是老师怎么安慰都不好使，老师只好给霓娜的家长打电话，让妈妈将霓娜接回家。

妈妈来到学校之后，霓娜就扑进了妈妈的怀抱，向妈妈哭诉。

霓娜："妈妈，我害怕。"

妈妈："霓娜，不要怕，有妈妈在呢。"

霓娜："我害怕地震，听说地震会死好多人，而且还会来好多妖怪。"

妈妈："你听谁说的啊？"

霓娜："小杰说的，地震真的是太吓人了，我不要在这里待着了。"

妈妈："现在不是没有地震吗，地震虽然可怕，但是有那么多的老师和同学在这儿呢，霓娜不要害怕好不好？"

霓娜听到妈妈这么说情绪稍微平静了一些，可是仍然依偎在妈妈的怀里不肯出来。无奈之下，妈妈只好先把霓娜接回家了。

回到家之后，霓娜还是心有余悸，对妈妈寸步不离，等到晚上睡觉的时候，说什么也不自己睡，非要妈妈陪着她睡。

霓娜："妈妈，今天你陪着我睡好不好？"

妈妈："为什么啊？"

霓娜："我害怕地震。"

妈妈："都已经和你说过了，不会地震的，那是小杰开的一个玩笑而已。"

霓娜："可是，万一晚上地震了怎么办呢？"

妈妈："不会的，地震之前会有很多先兆的，霓娜快睡觉吧。"

霓娜说什么也不肯自己睡，妈妈无奈之下只好和霓娜一起睡，等到霓娜睡着了之后，妈妈想要离开，可是霓娜的手仍然紧

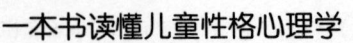

紧地拉着妈妈的手。

不仅是一句玩笑话将霓娜吓成这个样子,其他的事情也会将霓娜吓个够呛。

一天,爸爸、妈妈有事出去了,将霓娜一个人留在家里。不知怎么的,天突然阴了起来,接着就是电闪雷鸣,还刮起了大风。大风呼呼地吹,霓娜非常害怕,吓得躲进了被窝里。雷声越来越大,风声也越来越响,可是爸爸、妈妈还没有回来,霓娜就躲在被子里大哭了起来,一边哭一边喊:"我要妈妈,我要妈妈,妈妈快回来。"霓娜哭了一会儿,听到爸爸、妈妈开门的声音之后,赶紧从被窝里跳出来,钻到了妈妈的怀里。妈妈感觉到霓娜在发抖,很诧异。

妈妈:"霓娜,你怎么了啊?"

霓娜:"我害怕,雷声、风声好吓人。"

妈妈:"刮风、下雨、打雷都是很正常的自然现象啊,你怕什么呢?"

霓娜:"我就是害怕,我害怕打雷,害怕闪电,害怕风声。"

妈妈轻轻地抚摸着霓娜的头,轻声安慰着:"霓娜,不要害怕了,妈妈在这呢。"

霓娜一边啜泣一边小声说:"刚才雨下得那么大,我害怕雨水把爸爸、妈妈冲走,怕你们再也不回来了。"

妈妈听到这句话之后,笑了笑说:"怎么会呢,爸爸、妈妈那么大的人了,怎么可能被雨水冲走呢,无论什么时候,爸爸妈妈都会回来的,霓娜不要害怕了。"

专家解读:

霓娜属于典型的亲切型性格,她胆小、懦弱,害怕面对困难和挫折。从妈妈的表现来看,妈妈并不是很严厉的人,每次霓娜表现出胆小的行为的时候,妈妈都是尽力安慰霓娜,并没有严厉地批评,也没有指责霓娜,而是不断地安慰霓娜,尽量地陪在霓娜的身边,让霓娜感到安心。由此我们可以看出,霓娜的这种性格一方面是与生俱来的,另一方面也可能是妈妈对霓娜过于溺爱，对霓娜的保护太强了，应该放手让霓娜面对现实，不要总是让霓娜生活在大人的保护中，让孩子的胆子可以大一些，锻炼孩子的承受能力。

孩子性格的形成和家庭环境、家庭教育、学习和工作的实践有着很大的影响，个人经历对于性格的形成有着很大的影响。最初对孩子性格的形成影响最大的是家庭。

在面对孩子性格脆弱、胆小的时候，家长们应该怎么办呢？

家长们可以针对孩子的性格特点，有针对性地提出一些要求。就比如对案例中的霓娜，就可以对她提出"不怕黑夜，不怕雷电，不怕下雪，不怕雷电"这样的要求，并且要在现实生活中慢慢地帮助她克服这些弱点。如，可以在夜幕降临的时候，带着她到院子里或者是空旷的野外，让孩子观察天空中的星星和月亮，给她讲天文知识，让孩子能够感受到大自然的乐趣，感受到大自然的奥秘，让孩子对天空和大自然产生兴趣，慢慢地孩子也就不会再惧怕黑夜了；下雪的时候可以带孩子到雪地里，和孩子一起团雪球，让孩子和小朋友一起玩打雪仗的游戏，这些都可以帮助孩子减少对雪天的恐惧；如果孩子过分依赖父母，可以让孩子单独做一些自己的事情，如让孩子多参加集体活动，让孩子体会到集体活动的乐趣，体会到离开父母的乐趣。

家长们在日常生活中让孩子学会吃苦，让孩子学会承担责任，通过日常生活中的小事帮助孩子克服心理上的恐惧，让他们学到更多的知识，帮助孩子建立兴趣，这样对于纠正孩子性格上的脆弱、胆小的弱点是有好处的。

> **给家长的话**
>
> 孩子的成长过程只有一次，爸爸、妈妈一定要抓住这次机会，要付出耐心和精力，帮助孩子克服胆小、怯懦的缺点，让孩子变得坚强、勇敢，拥有一个健康的人格对于孩子来说是比任何成就都要重要。

面对过于自我的孩子

🎵 **宝妈**：我家孩子三岁多了，不管人家说什么，就是以自我为中心，不让他做什么，他偏要做什么；让他做什么的时候，他也会按照自己的想法去做，你批评他的时候，他也不会反击，只是闷头做着自己的事情。孩子这么有个性，这么有自己的想法究竟是一件好事还是坏事呢，面对这么自我的孩子该怎么办呢？

内向型的孩子性格大都比较温柔，他们不会像外向型的孩子什么事情都表现在外面，但他们有自己的个性，他们也会有自己的思维方式。他们不会轻易说出自己的想法，也不会强烈地反抗家长或者老师，他们会沉浸在自己的世界当中，通常按照自己的想法去做，不太在乎别人的想法和看法。

嘟嘟今年六岁了，已经上小学了，聪明可爱，但是特立独行，非常有主见，她想要做的事情就一定要做。

在学校的一次公开课上，老师向学生们提出了很多问题，学生们对于老师提出的问题也表现出了浓厚的兴趣，都积极举手回答问题，课堂的气氛非常活跃。就连平时很安静的嘟嘟也举起了手，用期待的眼神看着老师，希望老师能够叫到她，让她回答问题。因为举手的人太多了，老师并没有注意到总是举着小手的嘟嘟，都已经好几个问题了，嘟嘟仍然没有得到回答问题的机会。这个时候，嘟嘟再也控制不住自己的情绪，委屈地哭了起来，而且还大声喊道："坏人，你们都是坏人。"老师被嘟嘟的叫声惊呆了，意识到存在的问题，就赶紧让她回答了刚才提出的问题。嘟嘟站起来，含着眼泪回答了问题，当她回答完问题之后，情绪才逐渐平静了下来。

嘟嘟在家里也非常的有个性。

一次，嘟嘟正在家里看电视时，邻居家的阿姨带着她家的孩子来到家里做客。阿姨来到家里之后，嘟嘟仍然坐在沙发上看电视，没有起身跟小朋友和阿姨打招呼，妈妈看着非常的不妥。

妈妈："嘟嘟，快起来跟小朋友和阿姨打招呼。"

嘟嘟："我在看电视呢。"

妈妈："先别看了，先跟小朋友和阿姨打个招呼。"

嘟嘟没有说什么，仍然在那里看电视。妈妈非常生气，但是有外人在，又不好再说什么，只是尴尬地朝着邻居笑了笑。邻居也笑笑说："小孩子嘛，没关系的。"

妈妈坐下来和邻居聊起了天。过了一会儿，嘟嘟看完电视，走过来非常有礼貌地和邻居打了声招呼，然后看到一旁自己玩的小妹，和妈妈说了一句"我和小妹妹玩去了"，就跑去和小妹妹一起玩起了游戏。嘟嘟的这一举动让妈妈很困惑。想要批评她，她又向邻居打了招呼，只不过是按照自己的步骤进行的，不批评她，她这种过于自我的行为又显得很没有礼貌。

专家解读：

嘟嘟是一个非常有个性的孩子，当老师没有让她回答问题的时候，她会大哭大闹，以此来达到自己的目的，她非常坚持自己的观点，当家里来了客人之后，嘟嘟坚持要做完自己的事情再去完成妈妈交代的事情，可以说都是以自我为中心的表现。

有的时候，有主见、有个性并不是一件坏事情，但是嘟嘟在课堂上的表现是不值得提倡的，如果纵容这样的行为，就会让孩子变得自大，完全不把别人放在眼里。而她坚持将自己的事情做完，这样的行为家长们则不需要太多担心的，这说明孩子有着自己的原则，有着自己的主见而已。只要孩子不触犯底线，这样的自我行为家长们是可以允许的，不要采取强制的

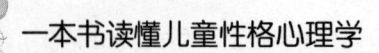

措施去要求孩子改变，可以让他们在自己的世界当中多待一会儿。

当孩子的自我行为朝着不好的方向发展的时候，家长们应该采取正确的方式，帮助孩子改掉任性的毛病，帮助孩子树立正确的自我观念。家长们要根据不同的情况采取不同的措施。

很多时候，家长们都站在自己的角度去考虑问题，孩子得不到尊重，难免会任性。这个时候，家长就要认真分析孩子的要求，多站在孩子的角度去看问题，尽量满足孩子的合理要求；如果孩子的要求不合理，家长们不能够满足的话，也不要粗暴地拒绝，而是要向孩子解释清楚为什么不能满足他的要求，让孩子感受到尊重之后，也就不会那么任性了。

如果是家长们缺少对于孩子的关注，他们表现好的时候，家长们也没有做出反应，从而引起孩子的任性行为。在这样的情况下，家长们平时要多注意孩子的表现，当孩子表现好的时候，就要做出表扬和适当的物质奖励，这样可以减少孩子不良行为的发生。

有的任性则是天生的，这种小孩不讲道理，想怎样就怎样，这个时候家长们需要采取强硬的行为来进行纠正，即使是孩子出现了大哭大闹的行为，家长们也要挺住，不能妥协和迁就，一旦松懈的话，孩子任性的毛病就很难纠正了。

当孩子大哭大闹的时候，家长们先让孩子冷静一下，让孩子自己去思考问题的对错，等到孩子想明白了，问题自然也就得到了解决。在这个过程中，孩子可以学会控制自己的情绪，学会理解他人，从而渐渐改掉自己任性的毛病。

给家长的话

孩子性格的形成不是一朝一夕的事情，家长们要有足够的耐心，帮助孩子改掉任性的毛病。不要一种方法用了一次没有效果，就放弃了，要做好打持久战的准备。与孩子一起努力，通过你和孩子的共同努力，孩子会逐步养成优良的性格。

第四章 妈妈的乖宝宝，内向型孩子需要引导

小拖延是大问题

🎵 **宝妈**：我家孩子做事总是不紧不慢，还拖拖拉拉的。他经常说的一句话就是"明天再说吧"。现在的生活节奏这么快，孩子有这样拖延的毛病，将来走到了社会上可怎么办啊，能够适应社会生活吗？

孩子拖延是一个大问题，我们经常说"明日复明日，明日何其多"，也许事情看起来并不是很大，但是总是拖到明天去做，明天的事情又拖到明天去做，久而久之，事情根本得不到解决，还会浪费很多光阴。对于孩子来说，拖延看似是一个小的问题，但是时间如流水，说过去就过去了，到时候再去纠正孩子的拖延问题就为时已晚。孩子出现了拖延的毛病，一定要引起家长的重视，要坚决帮助孩子改掉这个毛病。

秋秋是一个性格乖巧的孩子，但是他有一个让妈妈痛恨的坏习惯——拖延。秋秋做什么事情都不着急，总是不紧不慢地做，有的时候还会把今天的事情拖到明天去做，这对于急性子的妈妈来说是非常不能容忍的事情。

七点半的闹钟已经响了很久了，可是秋秋仍然没有任何动静，早就准备好早饭的妈妈等了秋秋很久，见秋秋没有起床，就叫秋秋起床。

妈妈："秋秋，快起来，要迟到了。"

秋秋："我好困啊，我要再睡一会儿。"

妈妈："快起来，谁让你晚上那么晚睡的，早上起不来。"

秋秋仍然是没有动静，妈妈忍不住了，掀起了秋秋的被子，将秋秋从

床上拽了起来。并且大声说:"赶快去洗脸刷牙。"

妈妈给秋秋找好衣服,放在了沙发上,对秋秋说:"衣服给你放在沙发上了,洗漱完了赶紧换上。"

秋秋慢吞吞地走向洗手间,开始洗脸、刷牙,时间过去了十分钟,秋秋才从卫生间出来。他坐到沙发上,看到电视开着,就调到了动画频道,津津有味地看起了动画片。妈妈看到秋秋正在看电视,就催促秋秋:"你怎么还看上电视了,赶紧换衣服啊。"秋秋"嗯"了一声,可是并没有行动,仍然专心致志地看着动画片,时间又过去了十分钟。在这期间,妈妈催促了秋秋至少五次,每次秋秋都是嘴上答应,可是身体上没有任何行动。这也触碰到了妈妈的底线,她大声喊道:"赶快穿衣服,我数到三,你再不行动的话,哼!一、二、三。"

妈妈的这句话终于把秋秋从动画片中拉了回来,秋秋回过神来赶紧穿衣服。好不容易穿上了衣服,秋秋竟然又坐下看起了电视。在妈妈又一次地催促下,秋秋终于坐到了饭桌前,吃起了早饭。等到秋秋吃完早饭,幼儿园的校车早就走了。眼看着就要迟到了,秋秋突然想上厕所,妈妈生气地说:"你早干什么去了啊?一早上干什么都磨磨蹭蹭的,今天又要迟到了。"等到秋秋上完厕所,妈妈只好骑着自行车送秋秋去上幼儿园。

秋秋除了磨蹭之外,还经常把今天的事情拖到明天去做。

放暑假的时候,老师布置了暑期作业,让小朋友每天都画一幅画,来记录一天的生活。

暑假第一天的时候,秋秋看了一天的动画片,转眼之间就到了晚上。到了晚上,妈妈叫秋秋吃饭,在饭桌上妈妈问秋秋:"今天的画画完了吗?"

秋秋拿着一只鸡腿,疑惑地问:"什么画啊?"

妈妈:"老师不是让你们每天画一幅画吗?这都到晚上了,你的画画了没有啊?"

秋秋不以为然地说:"原来是这个啊,等我吃完饭再去画。"

吃完了饭,妈妈催促着秋秋去画画,秋秋一看表,动画片马上就开始了,就打开电视机,准备看动画片。

妈妈看到后,就对秋秋说:"你不是说去画画,怎么又看上电视了?"

秋秋:"动画片马上就开始了,等我看完动画片再去画就好啦。"

妈妈:"你这个孩子怎么这么能拖呢,赶快去画,一会儿动画片演完了都九点钟了,你就该睡觉了。"

秋秋:"不行就明天再画呗。"

妈妈:"今天的事情怎么能拖到明天去做呢。把电视关了,赶紧画画去。"

秋秋:"我就看这集,看完这集就去画。"

妈妈就去干别的事情了,可是等到妈妈把事情干完之后,秋秋仍然坐在那里看电视。妈妈说:"你画完了吗?怎么还坐在这里看电视?"

秋秋:"今天太晚了,我明天再画。"

妈妈:"你总是这样往后拖,看你到最后一天怎么办。"

秋秋不以为然地说:"到最后一天再一起画呗,这有什么大不了的。"

看到秋秋一副淡然的样子,妈妈只能无奈地叹了一口气。

专家解读:

亲切型的孩子做事情总是慢条斯理,这和他们的性格有着很大的关系。这样的人在做事情的时候总是不紧不慢,不会有任何的紧迫感,不管别人多么着急,他们总是会按照自己的节奏来。

的确,拖延虽然看似是一个小毛病,却是个大问题。拖延是会耽误很多事情，就像案例中的秋秋一样，因为早上总是磨磨蹭蹭、拖拖拉拉的，导致上幼儿园迟到，经常迟到对于一个学生来说是很不好的事情，长此以往会影响到学习；除此之外还会影响到他人时间安排。如果小的时候家长们不纠正孩子拖延的毛病，长大之后就很难改正。

亲切型性格的孩子，如果采用强制的方式去纠正的话，经常会产生两个极端，一个是你不让我这么做，我就偏要这么做，和你对着干；一个就是被家长吓得胆小谨慎，做事情唯唯诺诺的，对家长产生恐惧心理，影响到亲子关系。所以，在纠正孩子拖延的毛病的时候，家长们要采取一定的技巧。

在纠正孩子拖拉的毛病的时候，家长们最好是采用温和的，以鼓励为主的方式，结合科学的方式来教育孩子。例如，让孩子在规定的时间内完成一件事情，如果孩子在这个时间完成的话，就给孩子一定的奖励，如果孩子没有完成，也不要对孩子发火，适当地给孩子一些宽限，争取让孩子把事情做完，这样循序渐进，孩子会渐渐体会到"今日事，今日毕"的乐趣，也会慢慢改掉拖延的毛病。

> **给家长的话**
>
> 　　内向型的孩子心思都是比较细腻的，家长们在纠正这类孩子毛病的时候，千万不要用激进的方式，这样会加重孩子的心理负担，给他们心理造成影响。有的时候，家长只要点到为止就可以了，他们就会明白怎样去做，千万不要说得过于严重，那样会加重他们自负的心理。

孤僻的孩子，不喜欢被打扰

🎵 **宝妈**：我家孩子不喜欢和小朋友一起玩，特别孤僻，人家都三五成群，她总是一个人待在一边。过年过节的时候，亲戚们都回来了，家里热热闹闹的，她却愿意一个人待在角落里。这可怎么办呢？

有很多孩子喜欢在一起玩耍，他们喜欢热闹，喜欢人多带来的乐趣。而有的孩子则喜欢一个人待着，喜欢静静地坐在一旁看着别人玩耍，他们只是生性安静，喜欢独处，不喜欢被别人打扰，也不愿意去打扰别人，这是他们性格的一个特点。

沐沐是一个非常安静的小女孩，经常喜欢一个人待着，妈妈为此也非常的烦恼。

一天，妈妈下班回来，看到小区里有很多的孩子在一起高高兴兴地做游戏，你追我赶，很是开心，可是唯独不见自己家女儿的身影。妈妈回到家后，却看到沐沐一个人在家里，正在和自己的玩具熊自言自语呢。

妈妈走了过去，亲切地说："沐沐，你怎么一个人在家里，为什么不下去和小朋友一起

玩呢？"

沐沐："我不喜欢和他们玩。"

妈妈："为什么呢？和小朋友在一起多开心啊。你们可以一起做游戏，一起聊天，很开心的，比你和这只不会说话的玩具熊待在一起有意思多了。"

沐沐："他们太吵了，我不喜欢和他们待在一起，我想一个人待着。"

妈妈："但是你得多出去和别人交流啊，得去和别人交朋友啊，你没有朋友的话，会很孤独的，听妈妈的话，去和楼下的小朋友玩一会儿。"

沐沐："我宁愿孤独，也不要和他们在一起，我就是喜欢安静。"

妈妈："你这孩子怎么这么倔呢？把玩具熊给我，去和楼下的小朋友玩一会儿。"说着就要抢走沐沐手里的玩具熊。沐沐非常强硬地拒绝了，跑到了自己的房间，把妈妈关在了门外。

除了不愿意和小朋友玩，沐沐在家人面前也是喜欢一个人待着。

中秋节，爸爸、妈妈带着沐沐到爷爷家里过节，沐沐的姑姑和叔叔也都回来了，家里非常热闹，家人们聚在一起看电视，一起嗑瓜子唠家常，而孩子们则聚在了一起玩游戏。当所有人都沉浸在热闹的氛围中时，有一个人却非常的安静，那就是沐沐。她在和所有人都打过招呼之后，就一个人躲进了房间里。

妈妈没有发现沐沐的身影，就起身去找沐沐，在爷爷的书房里找到了沐沐。

妈妈："沐沐，你怎么一个人在这里待着呢？"

沐沐："我想一个人待会儿。"

妈妈："家人好不容聚在了一起，快去和家人待一会儿吧。"

沐沐："刚才都已经打过招呼了，也都见过面了啊。"

妈妈："可是，姑姑他们都好久没有见到你了，你过去和他们聊聊天啊。"

沐沐："我不知道说什么，我还是想一个人待着，妈妈你快出去吧。"说着就把妈妈推到了客厅里。

第四章 妈妈的乖宝宝，内向型孩子需要引导

专家解读：

在大多数人的眼里，小孩子大都活泼好动，喜欢聚在一起玩的。像沐沐这样喜欢一个人待着的孩子经常会被戴上"高冷""不合群"的帽子。其实，这样的孩子并不是高冷，也不是不合群，他们只是不喜欢热闹的氛围而已，他们喜欢一个人待着，喜欢享受一个人的空间。

案例中的沐沐，她虽然不喜欢和小朋友玩游戏，但是她能够像正常人一样交流，她可以上幼儿园，可以学习，生活上也能自理，就是一个正常的孩子。而且她也是一个很懂礼貌的小孩，虽然不愿意和家人待在一起，但是她会在和每个人都打过招呼之后，再选择一个安静的角落一个人待着。

孤僻是一种性格，是可以通过后天的努力得到改善的。所以，当孩子不愿意和别人说话，不愿意和别人一起玩的时候，他们只是胆小、害羞，不善于和别人进行交流，又或者是他们有那么一点点的懒惰，不喜欢和别人说话，又或者是他们真的想一个人安静地待着，他们绝对是一个正常的孩子。

这种性格的人因为不愿意和别人交流，会显得难以接近，人们也总是认为这样的人是不适合做朋友的。其实，这样性格的人反而是适合做朋友的，因为这种性格的人通常比较体贴、温柔，并且有足够的耐心，他们经常为别人着想，一旦和你成为朋友，就会为你付出真心，而且他们还是最好的倾听者。他们的缺点就是不太主动，什么事情都要等着别人先开口。父母应该帮助孩子多交一些朋友，有意识地引导孩子主动一些，让孩子体会到交朋友的乐趣。例如，家长们可以帮助孩子交几个朋友，让他们在一起玩儿，让其他人发现孩子的优点，改变他们对孩子的想法，这样他们就会愿意和你的孩子做朋友，当孩子体会到交友的乐趣的时候，他们也会变得主动一些，就会主动去交朋友。但是，这是一个循序渐进的过程，家长们不要操之过急。

> **给家长的话**
>
> 如果家长们能够拿出足够的耐心，给予孩子一个好的引导，相信孩子总是会养成一个良好的性格。聪明的家长在孩子面前总是会保持足够的耐心，不会轻易地发脾气，因为他们知道孩子的心灵是脆弱的，他们就像是一棵小树，需要更多地照顾和呵护。当孩子不喜欢说话，不愿意和别人交流的时候，他们不会去嘲笑孩子，而是慢慢引导让孩子敞开心扉，带领孩子从孤僻当中走出来，去迎接更多的朋友，去迎接更美好的世界。

孩子把什么事都藏在心里

♪ 宝妈：我家孩子遇到什么事情也不和我说，总是把事情藏在心里，经常一个人闷闷不乐的，有的时候只有追问她，她才会把事情说出来，这样下去的话，应该怎么办呢？

内向的孩子不喜欢把自己的事情和别人说，经常会将自己的心事埋藏在心底，即使是最亲近的父母，他们也不愿意去说。家长们一定要注意和孩子之间的关系，营造一个良好的氛围，让孩子愿意和你交流，不要让孩子承担过多。除此，在平时家长们也要注意孩子的情绪变化，如果发现孩子有什么不对的话，要及时和孩子沟通，及时了解情况帮助孩子解决问题。

小鱼儿是一个性格内向的孩子，平时就不爱说话，可是最近好像变得更安静了，经常一个人坐在那里愁眉不展。她有时也会走到妈妈的身旁，想要说什么，可是每当妈妈注意到她的时候，她就赶紧跑开。妈妈也注意到了这一点，总是问小鱼儿怎么了，可是每次小鱼儿都会说没事，让妈妈摸不着头脑。

一天，妈妈下班回到家，小鱼儿走了过来，小声地对妈妈说："妈妈，我能求你一件事情吗？"

妈妈："什么事情，你说吧。"

小鱼儿："妈妈，你把我的故事书要回来吧。"

妈妈："什么故事书啊，它在哪里啊？"

小鱼儿："《格林童话》，在冬冬那里。"

妈妈："你为什么不自己去要呢？"

小鱼儿："我不敢，我害怕。"

妈妈："你怕什么啊，你自己的东西你去要回来是很正常的事情，怕什么啊？"

小鱼儿委屈地哭了起来，妈妈看到小鱼儿哭了，责怪说："你自己的东西干嘛不自己去要呢，这么点事情都要妈妈去做，长大了你怎么办啊？"

小鱼儿看到妈妈生气了，哭得更加委屈了，就一个人跑到了房间。

接下来的几天，放学回到家小鱼儿也只是一个人静静地待在房间里，不看电视，每天都是无精打采的。妈妈担心她生病了，就带她去医院了，可是检查显示她身体非常健康，妈妈就没当一回事了。

一天，朋友来到家里做客，看到小鱼儿的

这个样子，非常疑惑。

朋友："这个孩子怎么了，怎么这么无精打采的，是不是生病了啊？"

妈妈："没生病，这几天都这样，总是一个人待着，也不和我们说话。"

朋友："她最近没有和你说什么事情？"

妈妈："就是前几天她让我帮她去要故事书，我没有帮她，我让她自己去要，她就哭了，之后就这样了。"

朋友："她是不是有什么心事啊？"

妈妈："刚上一年级的小孩子能有什么心事啊。"

朋友："这可说不准，别看孩子小，他们也会有心事的，你最好是和她好好谈一谈。"

妈妈点了点头。

等到朋友走了之后，妈妈来到女儿的房间，和女儿聊起了天。

妈妈："小鱼儿，你最近是不是遇到了什么事情啊？"

小鱼儿："没有啊。"

妈妈："可是你最近的情绪很不对啊。有什么事情就和妈妈说说，妈妈帮你解决好不好？"

小鱼儿有些犹豫，妈妈鼓励地说："小鱼儿，不要怕，不管遇到什么事情，只要你告诉妈妈，妈妈肯定会帮你解决的。"

小鱼儿："真的吗？"

妈妈："当然了，我是你的妈妈，我不帮你解决事情，谁还能帮你解决啊，你就放心说吧。"

小鱼儿："那妈妈会批评我吗？"

妈妈："你先和妈妈说说是怎么回事，如果是你的错误，妈妈肯定要批评你，如果不是你的错，妈妈为什么要批评你？"

小鱼儿想了想，终于和妈妈说出了实情。

原来是冬冬强行拿走了小鱼儿的故事书，而且还威胁小鱼儿不许她告诉自己的爸爸、妈妈，否则就把她的故事书给撕烂。小鱼儿非常喜欢那本故事书，她自己不敢要回来，只好让妈妈要回来，可是妈妈让自己去要，她又不敢向妈妈说出实情，只好将实情埋在了心里。

妈妈在得知之后，帮助小鱼儿要回了故事书，并没有让冬冬的爸爸、妈妈知道这件事情，冬冬没有受到批评，最终冬冬和小鱼儿成了要好的朋友。

专家解读：

内向型的孩子不善于和别人交流，因为这样的性格原因，他们经常会把事情埋藏在心里，即使是亲近的父母，他们也不愿意主动透露，父母也不知道他们心中想的是什么，不知道应该怎么样去帮助孩子。

就像案例中的小鱼儿，在她遇到困难之后，她因为害怕不敢告诉爸爸、妈妈，怕告诉了爸爸、妈妈自己就失去了那本故事书。但是自己又非常喜欢那本故事书，就想要让妈妈去帮着要回来，并没有向妈妈说出实情。妈妈在不了解情况的前提下，还严厉地批评了小鱼儿，反而让小鱼儿的心里更加委屈了，她就更加不愿意说出实情了。幸好，在朋友的提醒下，妈妈改变了自己的态度，让女儿对自己敞开了心扉，顺利帮助女儿解决了问题。由此我们可以看出，内向型性格的小孩儿，心事是非常重的，我们在平时一定要多注意他们外在的情绪变化，从而找出问题，并帮助他们解决。

孩子不愿意和家长说出自己的心事是有原因的，一是他们不愿意说，二是他们不敢说。前者是因为内向的性格特点决定的，后者是因为胆小和害怕，这种情况可能是由于受到了威胁，或者是平时家长们过于严厉，孩子怕说了之后受到批评，只能选择用沉默的方式来应对问题。

如果事情得不到解决，长期压抑在孩子的心里，会给孩子带来很严重的心理问题。所以家长们一定要重视这个问题，让孩子对自己敞开心扉，这样能够让自己及时了解孩子的心理动态，更好地帮助孩子解决问题。那么，家长们应该如何让孩子主动说呢？

家长们在平时多注意自己的教育方式，不要对孩子太严厉了，不要让孩子对自己产生恐惧的心理，拉近和孩子之间的距离，给孩子足够的安全感和归属感，这样孩子才能够对你敞开心扉。除此之外，家长们在平时也要多关心孩子，多和孩子谈心，及时了解孩子遇到的问题，帮助他们解决问题，给他们提出合理的建议和解决问题的方法。你帮孩子解决了问题，获得了孩子的信任，孩子就愿意和你交流了，就愿意把心里的事情对你说出来的。

> **给家长的话**
>
> 在帮助孩子解决问题的时候，家长们也要注意培养孩子独立的性格，不要对孩子的事情大包大揽，也要尝试着让孩子自己解决问题。因为总有一天，孩子会离开你的庇护，独自去面对自己的人生。只有他们足够坚强，学会解决问题的方法，人生之路才会走得更加顺畅。

用陪伴和鼓励帮孩子克服恐惧

🎵 **宝妈**：我家孩子真是胆小，一个小男孩竟然怕虫子、怕黑、怕打雷；有一次带他去看电影，竟然被电影里的怪物给吓哭了；都已经上一年级了，竟然还不敢一个人睡，每次都要陪着他睡着了才能离开。这可怎么办啊？

孩子胆小是因为内心的恐惧，而产生恐惧的原因是缺乏安全感，要想帮助孩子克服这种恐惧，爸爸、妈妈就要抽出时间多陪陪孩子，让孩子有足够的安全感，他们内心的恐惧感会逐渐减少，胆子也会慢慢地大起来的。

巍巍的父母一直忙于工作，巍巍一周岁的时候就和奶奶一起住，只有周末的时候爸爸、妈妈才会把他接回家住。眼看着就要上小学了，爸爸、妈妈决定将巍巍接到自己的身边。经常和巍巍在一起，妈妈发现了巍巍身上有一个缺点。

在接巍巍之前，妈妈考虑到巍巍快要上小学了，决定接过来之后让巍巍一个人睡，精心给巍巍布置了房间，里面放上了各种巍巍喜欢的玩具。巍巍看到这些，非常高兴，手舞足蹈的，摸摸这，摸摸那的，对所有的东西都爱不释手。妈妈看到巍巍这么喜欢新房间，之前的担心也就放下了，心想晚上巍巍肯定能够顺利地一个人睡。但是事情并非像妈妈想象的那么顺利，到了晚上快要睡觉的时候，妈妈叫正在看电视的巍巍准备睡觉了，巍巍听到之后就跑到了妈妈的床上准备睡觉。

妈妈："巍巍，你不能在妈妈的床上睡。"

巍巍："那我要去哪里睡啊？"

妈妈："去你的新房间啊，你不是很喜欢那里吗？"

巍巍："妈妈和我一起睡吗？"

妈妈："巍巍已经是大孩子了，要一个人睡了。"

巍巍："我不要一个人睡，我要妈妈陪我一起睡。"

妈妈："你都已经六岁了，马上就要上一年级了，应该学会独立了，应该自己一个人睡了。"

巍巍："我害怕，我要妈妈陪着我睡。"

妈妈："你怕什么啊，爸爸、妈妈就在隔壁，就在离你不远的地方。"

巍巍："我怕黑，我怕看不到妈妈。"

妈妈："妈妈不离开你，妈妈就在隔壁好不好？"

巍巍："不好，我不要一个人睡，我要妈妈陪着我睡。"说着巍巍竟然哭了起来。

妈妈看到儿子哭了，瞬间心就软了，但是为了锻炼孩子的独立性，妈妈还是决定让巍巍一个人睡，于是就对巍巍说："巍巍，妈妈和你一起去新房间睡好不好？"

巍巍听到妈妈这么说，马上停止了哭泣，乖乖地跑到了新房间的床上，妈妈也和巍巍一起躺下了，给巍巍读故事书，巍巍渐渐产生了困意，不久就进入了梦乡，可是手仍然紧紧地拉着妈妈的手。妈妈想要拉开巍巍的手，可是怕弄醒巍巍，就任由巍巍这样拉着，望着巍巍熟睡的脸，妈妈在担心巍巍的同时，也反思了起来：巍巍这么胆小是不是因为缺少陪伴的原因？之前每次过完周末，将他送回奶奶家的时候，他都非常不乐意，总是撅着小嘴。可是为了给孩子更好的物质生活，一直忙于工作，根本就没有注意到这一点，他之所以不敢一个人睡，不是因为怕黑，而是怕在黑暗当中看不到父母，怕父母再一次把他送回奶奶的身边。想到这些，妈妈决定先不让巍巍一个人睡，而是要多陪陪巍巍，给予他足够的安全感，帮助他克服内心的恐惧，等到他不再怕黑，再让他一个人睡。

第二天早上，巍巍很早就醒了，醒来之后看到妈妈仍然在身边，脸上露出了开心的笑容，紧紧地搂住妈妈。妈妈轻声地说："昨天晚上睡得好吗？""有妈妈在身边，睡得非常好。"巍巍高兴地说。

吃早饭的时候，爸爸告诉巍巍要带他去动物园。听到要去动物园，巍巍露出了为难的表情，爸爸妈妈很疑惑。

爸爸："巍巍，怎么了，你不想去动物园吗？"

巍巍："妈妈，能不去动物园吗？"

爸爸："为什么呢？我们去看看动物，带你认识大自然啊。"

巍巍："动物园里有狮子、老虎，我害怕它们，它们会吃了我的。"

爸爸："我们去看它们的时候会有保护措施的，它们接近不了我们的，而且有爸爸在，巍巍也不用担心的。"

听到爸爸这么说，巍巍似乎没有那么害怕了，答应了和爸爸妈妈一起去动物园。来到动物园，正值春暖花开，动物园里百花齐放，鸟语花香，巍巍看到这迷人的景色，开心得蹦蹦跳跳，爸爸妈妈跟在他的身后也非常高兴。在这时，爸爸看到旁边有卖冰淇淋的，决定给巍巍买一个冰淇淋，爸爸刚要掏钱的时候，就听到了巍巍的哭声，爸爸赶紧跑了过去。

爸爸："巍巍，你怎么了啊？"

巍巍："爸爸，你看那里有一只大豆虫。"说着就用手指了指路边的大树。

爸爸顺着巍巍手指的方向看去，果然有一只大豆虫在那里，正在津津有味地吃着树叶。看到被大豆虫吓得直哭的巍巍，爸爸轻声地对巍巍说："巍巍，不要怕，你仔细看一下大豆虫，它是很可爱的。"

说着爸爸就把大豆虫拿了起来，巍巍吓得赶紧捂住了眼睛。

爸爸轻轻地拿开巍巍的手，说："巍巍，你看这只大豆虫肉乎乎的多可爱，而且爸爸把它拿在手上，它也没有咬爸爸，爸爸也没有怎么样啊。"

巍巍看着爸爸手里的大豆虫，的确非常可爱，小心翼翼地伸出自己的小手，只是触碰了一下就赶紧缩了回去。

爸爸接着说："没有想象中的可怕吧，大豆虫也没有咬你吧，来再试着摸一下吧。"

在爸爸的鼓励下，巍巍再一次摸了大豆虫，这次的时间比上次的时间要长，轻轻地抚摸着大豆虫，对着爸爸笑了起来。

爸爸："巍巍真勇敢，可以自己摸大豆虫了，巍巍有进步了，来，吃个冰淇淋吧。"

巍巍高兴地接过冰淇淋开心地吃了起来。看到巍巍的进步，爸爸心里也由衷地高兴。

在接下来的日子里，妈妈经常会抽出时间带巍巍出去，带他去坐过山车，带他在夜幕降临的时候去看星星和月亮，如果爸爸有时间的话，妈妈就会拉着爸爸一起。渐渐地，巍巍的胆子大了起来，让妈妈高兴的是，巍巍再也不缠着妈妈和他一起睡了。

专家解读：

在爸爸、妈妈的陪伴和鼓励之下，巍巍从一个连大豆虫都害怕的胆小鬼变成了一个敢独立睡觉的小男子汉，这就是陪伴和鼓励所带来的作用。之前，爸爸、妈妈因为忙于工作，就做起了甩手掌柜，将巍巍托付给了爷爷、奶奶，虽然爷爷、奶奶对巍巍也是照顾有加，但是仍然代替不了父母的爱。每次爸爸、妈妈将巍巍送回奶奶家的时候，他的内心肯定是拒绝的，而且在行动上也表现了出来，但是爸爸、妈妈并没有注意这一点，认为小孩子过一会儿就好了。但是，小孩子却没有大人想象的那么简单，久而久之，在他们内心就会形成强烈的不安，他们会认为爸爸、妈妈不要自己了，总是将自己推给别人，这也是为什么他会怕在黑暗中再也见不到妈妈。其实，在他的内心也是渴望和爸爸、妈妈在一起的，他也希望得到爸爸、妈妈的鼓励，希望爸爸、妈妈一直陪着他。

当妈妈意识到了孩子缺少陪伴之后，就努力补偿孩子的缺失，在爸爸、妈妈共同的努力下，巍巍内心的安全感在不断地增加，内心有了安全感，对于周围的事物也就不再那么恐惧了，渐渐地，胆子也就大了起来。

小孩子怕黑、怕小动物、怕孤独、怕一切看不见的"妖魔鬼怪"，这都是很正常的。所以，当孩子害怕这些东西的时候，家长们不要总是责怪孩子胆小，因为恐惧是一种很正常的心理。但是，家长们也不可以掉以轻心，因为如果在孩提时代家长没有帮助孩子解决心理恐惧的问题，在孩子的心里就会产生阴影，可能会影响到孩子未来正常的生活和工作。

任何恐惧心理的产生都和环境有着密切的联系，当孩子缺少父母的陪伴，或者父母总是将他们推给爷爷、奶奶，久而久之，他们就会缺少安全感和归属感，内心就会非常恐惧。所以，帮助孩子克服恐惧最好的办法就是给予孩子足够的安全感和归属感。

对于孩子来说，最让他们信任的人就是自己的父母，有父母在身边他们就会无所畏惧，父母的鼓励和陪伴是他们成长过程中不可或缺的，也是克服内心恐惧的良药。

> **给家长的话**
>
> 如果你的孩子十分胆小,不要将责任都归到孩子的身上,家长自身也要反思一下,看看自己是否给予了孩子足够的爱和陪伴。

创造机会,"帮"孩子交朋友

宝妈:我家孩子非常的内向,不喜欢主动和别人交流,也不会主动和别人交朋友。他的朋友非常少,别的小朋友在一起开开心心玩耍的时候,他就一个人坐在那里,孤孤单单的,有的时候他也想和别的小朋友一起玩,可每次都因为害羞不敢上前。有时候真的挺替他着急的,怎么才能帮助孩子交到更多的朋友呢?

每个孩子都应该有自己的朋友,和朋友在一起可以度过很多美好的时光,可以留下很多美好的回忆。而且在交朋友的过程中,还可以锻炼孩子人际交往的能力,锻炼孩子明辨是非的能力,锻炼孩子处理矛盾的能力。可以说,朋友在孩子的成长过程中是非常重要的角色,家长们一定要注意引导孩子多交朋友,给孩子多创造交朋友的机会。

球球是一个非常听话的孩子,特别聪明,在父母的眼里球球是一个乖孩子。但是球球不善于交朋友,每次出去的时候,别的小朋友都能够很快地玩在一起,但是球球却总是独自一人。让他去和小朋友玩,他总是犹犹豫豫,越是让他去和小朋友玩,他就越抵触,妈妈非常地着急和担心。为了让球球多交到朋友,妈妈也是绞尽了脑汁。

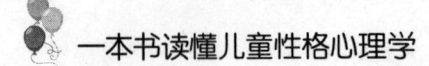

一天，小区里的孩子都聚在一起开心地玩着游戏，你追我赶的，好不热闹。和热闹场面形成鲜明对比的就是独自一人坐在角落里的球球。这时坐在不远处的妈妈，看着孤独的球球，只好实行自己的计划了。

妈妈叫来了附近的一个小朋友。

妈妈："小朋友，你叫什么名字啊？"

小朋友："阿姨，我叫毛毛。"

妈妈："毛毛小朋友，阿姨请你帮一个忙好吗？"

毛毛："什么忙啊？"

妈妈拿出了事先准备好的零食，对毛毛说："这些零食都是球球的。"

毛毛疑惑地问："球球是谁啊？"

妈妈指着球球说："就是在那边一个人坐着的小男孩。"

毛毛："他为什么一个人坐在那里啊，为什么不和我们一起玩呢？"

妈妈："他太害羞了，不好意思和你们一起玩。"

毛毛："喔。"

这时妈妈看着手里的零食，接着说："球球很想把这些零食和好朋友一起分享，可是他没有好朋友啊。"

毛毛看着球球妈妈手里的零食，咽了咽口水说："阿姨，我可以做球球的好朋友。"

妈妈高兴地说："真的吗？"

毛毛肯定地点了点头。

妈妈高兴地说："那太好了，这样，你拿着这些零食去找球球，和他一起分享，但是不要让球球知道这是阿姨给你的好不好?"

毛毛疑惑地说:"为什么啊?"

妈妈:"因为这是我们两个人的秘密啊。如果球球知道是阿姨做的,就不会和你一起玩,你也就吃不到这些零食了,是不是很可惜呢?"

毛毛:"原来是这样啊,那我明白了。"说完就拿着一兜子零食去找球球了。

毛毛走到球球的身边,将手里的零食放在了球球的身边,球球非常警觉地看着身边这个男孩。

毛毛笑着对球球说:"你好啊。"

球球:"你好,你是谁啊?"

毛毛:"我叫毛毛,也是这个小区的,我就住在你们家前面的那栋楼。"

球球:"你找我有什么事情吗?"

毛毛:"没什么事情啊,我刚刚买零食回来,觉得很无聊,刚好你也一个人坐在这里,想和你一起玩呢。"

小孩子之间的友谊很快就能建立起来,只要是说上几句很快就能成为好朋友。

球球:"这样啊,那我们玩什么呢?"

毛毛拿起放在一边的零食:"我们先吃点东西吧,吃完了我们到那边的儿童乐园里玩滑梯好不好?"

球球开心地点了点头,两个人就一起吃了起来,吃完之后,在毛毛的带领下,球球一会儿和毛毛玩滑梯,一会儿又和小区的其他小朋友们玩起了捉迷藏,一会儿又玩起了老鹰捉小鸡。妈妈在一旁看着玩得开心的球球,脸上也露出了笑容,就先回家了。

时间过得很快,转眼就到了吃晚饭的时间,毛毛要回家吃饭了,毛毛对球球说:"怎么样,和我一起玩是不是很有意思啊,我们明天还一起玩好不好?"球球高兴地点了点头。

球球回到家之后,妈妈见球球很高兴,心里很高兴。

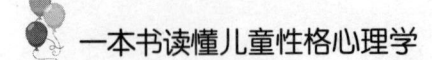

妈妈："球球，怎么这么高兴，发生什么事情了啊？"

球球："我不告诉你。"

妈妈："和妈妈还有秘密啊，赶快告诉妈妈吧。"

球球："好吧，我就告诉你吧。今天我一个人在楼下坐着的时候，一个叫毛毛的小男孩跑过来说要和我一起玩，还把他的零食分给我吃，吃完之后我们就一起玩了。"

妈妈："真的吗？你们玩得开心吗？"

球球："非常开心，他带我去玩了滑梯，还和其他小朋友一起玩了捉迷藏、老鹰捉小鸡。他还说我们以后天天一起玩呢。"

妈妈："真的啊，那太好了。是不是人多在一起玩很有意思呢？"

球球使劲地点了点头。

妈妈开心地说："我们球球终于有朋友了，真的是太好了。"

在这之后，球球就和毛毛腻在了一起。毛毛还邀请了球球去参加他的生日会，球球精心为毛毛准备了贺卡，在毛毛的生日会上，毛毛又让球球认识到了很多好朋友，球球的朋友越来越多了，也变得越来越开朗了。

妈妈看到球球的变化心里非常高兴，而她和毛毛始终守护着只属于他们两个人的秘密。

专家解读：

球球的妈妈为了让儿子交到朋友，可谓是费尽了心思。虽然这个方法有待探讨，但是结果还是不错的，让球球成功交到了朋友。交到朋友之后的球球变得更加活泼开朗了，可以看出交朋友给球球带来的变化。

其实，球球并不是不想交朋友，只是碍于面子不想主动去和别人说话，而不主动去和别人说话就失去了很多交朋友的机会。而且内向型的人往往都是比较好面子，而且在他们骨子里有一股倔劲，就像球球一样，即使是妈妈说破了嘴皮，他也不想主动去交朋友，而是等着别人来主动和他交朋友。无奈之下，妈妈只好用美食来"诱惑"毛毛，让他主动去和球球说话、一起玩游戏，最终和球球成了好朋友，让球球体会到了友谊所带来的快乐，最终敞开心扉，放下面子，放下羞涩，交到了更多的朋友。球球之所以能够交到这么多的朋友，离不开他的妈妈。

内向型性格的人因为性格的原因，他们一般不会主动去和人交朋友。但在他们的内心深处还是很渴望交到朋友的，他们也希望和小朋友一起开开心心地玩耍。但因为羞涩，他们通常只是把这种想法埋藏在心底，不去行动。他们总是一个人静静地坐在一旁，等待别人来和他们说话，但是却经常会被人所忽视。长此以往，他们可能会变得越来越内向，而且也不会再去期待友谊。因此，作为家长，要创造机会让孩子交到朋友，让他们体会到友谊所带来的乐趣，这样他们才能够主动地去交朋友。

家长们应该从小就培养孩子交朋友的意识。家长们可以多带孩子去一些人多的地方，在确保孩子人身安全的前提下，让孩子多和人接触，孩子接触的人多了，胆子也就大起来。同时，家长们也要给孩子做好表率，平时出门的时候主动和邻居打招呼，营造一个良好的邻里关系，在家长的影响下，孩子也会变得开朗起来的。

给家长的话

每个人都应该有朋友，朋友可以在陪我们一起哭一起笑，一起面对生活中的各种困难，有朋友在身边我们才不会觉得孤独。很多朋友都是从小时候一路走过来的，大家相互扶持、相互陪伴，成为生命中不可或缺的一部分。因此，要鼓励孩子多交朋友，让他们在朋友的陪伴之下健康，快乐地成长。

信任是对孩子最好的鼓励

🎵 **宝妈**：我家孩子小的时候经常生病，身体十分羸弱。现在已经上小学了，可是身体仍然显得瘦弱，经常被同学嘲笑。本来性格就内向，再加上同学们的嘲笑，所以平时几乎都不出门，总是一个人闷在家里。对自己也非常没有信心，认为自己什么事情都做不好。怎么办呀？

妈妈应该多给予孩子一些信任，当孩子对自己缺乏信心的时候，家长们应该成为孩子坚强的后盾，给予孩子多一些的鼓励。给孩子最好的鼓励就是信任孩子，你的信任可以增强孩子的信心，你肯定的眼神会让孩子勇气倍增。家长们应该多给予孩子一些信任，因为你的信任是对孩子最好的鼓励。

莫莫出生的时候是早产，小时候经常生病，所以比同龄的孩子显得弱小。他跑得慢，跟不上小伙伴的步伐，经常是被小伙伴嫌弃。虽然总是遭到小伙伴的嘲笑，但是莫莫十分开朗，任何事情都看得非常乐观。主要原因就是有妈妈的鼓励。有的时候连莫莫都要放弃了，但是妈妈却总是在旁边一直鼓励他，对他说："你能行的，你可以的，加油喔。"在妈妈的鼓励之下，莫莫也克服了许多困难，变得越来越开朗。

莫莫每次生病的时候，都是妈妈非常精心地照顾他，陪伴在莫莫的身边。小的时候，妈妈总是对莫莫说："小家伙，快快长吧，妈妈相信你肯定会长得壮壮的。"但是，长大之后的壮壮仍然非常的弱小，而且动作迟缓，比别人慢，但是妈妈却和别人有着截然不同的态度，她总是会在莫莫遭遇困难的时候，给予莫莫最大的支持。

转眼间，莫莫已经到了上幼儿园的年纪，他开开心心地背着小书包去上幼儿园，可是放学回来之后，却愁眉苦脸的。

妈妈："莫莫怎么了啊，上幼儿园不开心吗？"

莫莫："不开心。"

妈妈："怎么不开心呢，那么多小朋友和莫莫一起玩不开心吗？"

莫莫："根本就没有小朋友和我一起玩。"

妈妈："为什么呢？"

莫莫："他们在一起玩游戏，可是他们跑得太快了，我在后面使劲追就是追不上，刚跑了一会儿我就喘不上气了。他们嫌我跑得慢，就不和我一起玩了。"

妈妈："原来是这个原因啊，莫莫身体本来就弱，肯定跟不上他们的脚步的。这样吧，从明天起，妈妈陪你跑步吧，我们跑的时间长了，慢慢就会跟上他们的脚步的。我们刚开始的时候可以先慢慢跑，等到你适应了我们再加快速度就可以了。"

莫莫："我可以吗？"

妈妈："你可以的，妈妈相信你。"说着给了莫莫一个坚定的眼光。

在这之后，妈妈每天早上都会陪着莫莫跑步，刚开始的时候莫莫总是跑了一会儿就累得上气不接下气，这个时候莫莫就想要放弃。但是妈妈并没有放弃，而是一直跟在莫莫的身后，大声对他说："莫莫，你可以的。"当听到妈妈的鼓励，莫莫努力让自己提起精神，继续往前跑。在妈妈的陪伴下，莫莫也渐渐习惯了跑步，从最初的跑100米就累得气喘吁吁，到现在可以连续跑更远了。因为锻炼的原因，莫莫的身体也越来越强壮了，也能跟上大家的脚步了，越来越多的小朋友愿意和莫莫玩了。莫莫对自己也越来越有信心了。

时间过得很快，眨眼间莫莫就从幼儿园毕业了，进入了小学的阶段。小学的生活比幼儿园的丰富多了，要学习的东西也越来越多，要参加的活动也越来越多。

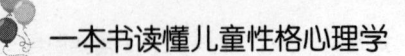

一次体育课上，老师让大家围着操场跑一圈，很多小朋友都跑到一半就放弃了，只有莫莫一个人没有放弃，坚持跑到了终点。莫莫的表现获得了老师的肯定，决定让他参加学校秋季运动会的800米长跑。

莫莫虽然很高兴，但是也非常担心，怕自己跑不下来。就和妈妈说出了自己的担心。

妈妈听到之后，非常坚定地说："莫莫，你肯定可以的，即使你不能取得好成绩，但是妈妈相信你肯定会跑下来的。"

妈妈的话让莫莫信心倍增，他于是开始努力练习跑步，坚持练习了半个月。

半个月之后，学校如期举办了运动会，很快就到了800米的比赛的时候，操场有很多人，看到这么多人，莫莫有些紧张。这个时候，他看到了坐在操场上的妈妈，妈妈正在坚定地看着他，并且向他打出了必胜的手势。在妈妈的鼓舞下，莫莫也为自己加油打气，坚持跑了下来。最终，莫莫不但坚持跑到了终点，还取得了第三名的好成绩。

在妈妈的鼓励下，莫莫摆脱了曾经羸弱的样子，成了一名强壮的小男子汉。

专家解读：

"你可以的，你能行"虽然只是简单的一句鼓励的话，但是却充满着神奇的力量，让莫莫从一个弱小的男孩变成了一个小男子汉。虽然小朋友们都嘲笑莫莫，可是妈妈并没有放弃，总是陪在莫莫的身边，给予莫莫很大的鼓励，当他遇到困难的时候，一句"你可以的，你能行"让莫莫信心倍增，又有了前进的动力。

莫莫在妈妈的鼓励下坚持练习跑步，虽然过程艰辛，但是有妈妈的信任，莫莫坚持了下来。在不断地坚持中，莫莫不仅锻炼了身体，还提高了跑步的速度，让他能够融入小朋友的活动中，让莫莫交到了更多的朋友。在之后的小学生活中，妈妈仍然给予莫莫很大的信任，让莫莫取得了好成绩。我们可以看出亲人之间的信任对于孩子的鼓励是非常大的。

当孩子因为自身的原因遭受到别人的嘲笑的时候，他们的内心会非常自卑，会对自己没有信心，这个时候如果家人能够给予他们充足的信任，这对于他们来说是莫大的鼓励，会对孩子的智力和心理产生良好的作用。研究表明，和孩子关系越亲密的人，这种积极的作用就会越明显。

"你能行"虽然只是简单的三个字，但是却饱含了父母极大的信任和鼓励，能够让孩子有充足的信心去面对困难，会让孩子相信自己一定可以做到的。所以，在面对内向胆怯的孩子的时候，或者是当自己的孩子表现得不是很好的时候，家长们千万不要对孩子表现出失望的态度，不要对孩子说"你不行的""你怎么这么笨呢""你看看人家的孩子"等这样的话语，这样会加剧孩子自卑的心理，让孩子变得越来越消沉。

因此，在面对内向胆怯的孩子的时候，家长们要给予孩子充足的信任，帮助他们树立信心，让他们能够更好地去面对困难。

> **给家长的话**
>
> 无论你的孩子优秀与否，家长们都要给予孩子足够的信任，肯定他们，让他们充满自信地健康成长。

鼓励孩子多开口，让孩子爱上说话

🎵 **宝妈**：我家孩子挺聪明的，也非常可爱，可是她就是不敢在陌生人面前说话，尤其是在人多的时候，她就更不敢说话了。每次人多的时候，她的脸就会特别红，支支吾吾地半天也说不出来一句话，看着都让人着急。

孩子在陌生人面前不敢说话其实是很正常的行为，这并不是什么大毛病，只要父母适当加以引导，孩子是能够克服掉的。家长们应该鼓励孩子多在公共场合开口，多为孩子创造在公共场合开口的机会。

关关上一年级了，乖巧、聪明，在家长和老师的眼里是一个乖孩子。但是，关关不爱说话，尤其是在人多的情况下，就更不爱开口了。私底下，关关说话非常流畅，可是只要人一多，就变成了一个小口吃，说话支支吾吾，让人不明所以。

一次，老师宣布了一项任务：让每个人写一篇关于勇气的演讲稿，然后轮流上台演讲。当老师布置完这个任务之后，关关就像泄了气的皮球一样，瘫坐在座位上。老师看到了关关的表现，就走了过来。

老师："关关，你怎么了啊？"

关关："老师，我可以不参加这个活动吗？"

老师："为什么呢？"

关关："我不想上台去演讲，我可以把演讲稿写好，交给老师看，我可不可以不上去演讲啊？"

老师："这怎么可以呢？每个人都要上去演讲的，之所以举办这个活动就是要锻炼你们说话的能力，你不能错过这个机会啊。"

关关："我不要这个机会可以吗？我真的不想在讲台上说话。"

老师："这有什么可怕，下面都是熟悉的同学和老师，你只要放开胆子讲就可以了。相信自己，你可以的。"说完老师拍了拍关关的肩膀就走了。

显然，关关并没有逃过这个活动，她非常担心，担心自己说不好会遭到嘲笑。妈妈看到女儿这么焦虑，决定帮助女儿。

于是，妈妈就让关关参加了一个演讲的培训班，这里有专业的老师，可以帮助关关更好地锻炼口才。和其他培训班不同，这个培训班的教室有一个单向的玻璃，外面的人可以看到里面的人活动，但是里面的人却看不到外面。这是专门给胆小的孩子设计的。胆小的孩子看不到他人的话，他们就可以放开胆子去说，就可以充分发挥他们的潜力，慢慢地帮他们克服说话时的恐惧，就会敢于在人前讲话了。这样的训练非常适合关关。通过这样的训练，再加上妈妈的鼓励，关关的胆子慢慢变得大起来了，她不再害怕在人前讲话了。

班级的演讲活动开始了，关关并没有像之前那么局促不安，而是非常镇定。终于轮到了关关，关关非常自信地走上了讲台，刚开始的时候还是有些紧张，但是想到了之前所做的培训，在自己的脑海中形成了一块单向玻璃，将同学和老师都屏蔽起来，全世界就只有她一个人。做好这些准备之后，关关就信心十足地开始了演讲，她生动的演讲内容和独特的视角获得了老师的肯定，她镇定的表现也赢得了同学们热烈的掌声，人们都对这个内向的小姑娘刮目相看。在掌声当中，关关回到了自己的座位上。

这次演讲的成功，让关关体会到演讲的乐趣，爱上了演讲。妈妈也极力支持关关的这个兴趣，经常让她参加一些演讲比赛，每次关关都能够取得很好的成绩，这也让妈妈十分的欣慰。

专家解读：

很多孩子都会像关关一样，因为性格的原因不敢大声在人前讲话。很多家长在面对这样的孩子的时候，可能会比较失望，如果逼着孩子在人多的地方讲话，不但不会取得很好的效果，反而会给孩子造成心理负担，让他们更加惧怕在人前讲话，久而久之，表达能力得不到提升，性格也会变得越来越孤僻。

而关关的妈妈做得就很好，她在得知关关不敢上台去演讲的时候，没有责备关关，而是帮助关关报名了一个培训班，自己也是以鼓励的方式帮助孩子开口，没有急于求成，而是让孩子慢慢来。在妈妈的陪伴下，关关终于克服了在人前说话的恐惧，出色地完成了演讲。所以，在面对胆小的孩子的时候，家长的做法是非常重要的。

孩子2～3岁是语言能力飞速发展的时期，等到4岁，各项能力都会得到一个质的飞跃。这个时候的孩子不再满足喋喋不休地说个不停，他们开始注重说话的质量。他们开始向成人说话的阶段迈进，渐渐摆脱婴儿时期的语言，开始学着使用简单的语法，开始学着说一些有难度的词语。虽然有的时候他们说得并不是很好，但是家长们都要拿出耐心去倾听他们说话，并且及时指出他们的错误之处，也要经常和孩子一起说话，不要让孩子自顾自地一个人说，让孩子的说话能力得到很好的锻炼。不仅是语言能力，对于孩子的写作能力、组织能力的发展也会有很大的帮助。

家长们在平时多注意倾听孩子的讲话，多和孩子讲话，多和孩子做一些语言游戏，如成语接龙，让孩子多说一些自己的所见所闻，鼓励孩子说出自己的想法，培养孩子的语言组织能力和思维能力。还可以多教孩子一些朗朗上口的儿歌，或者是给孩子提供一些简单的图片，让孩子说出其中的故事，培养孩子的想象能力。常带孩子出门，让孩子和同龄人多接触，培养他们的人际交往能力和沟通能力。孩子的语言能力和沟通能力都得到提升，孩子会愿意和别人主动去交流，也就会更加乐观，更加阳光。

> **给家长的话**
>
> 语言是人与人交往的桥梁，每个家长应该帮助孩子建立好这座桥梁，而提高语言能力最好的方法就是要多开口说话，家长们应该为孩子提供多开口的机会，多和孩子说话。

别急，给内向型孩子一些时间

♪ **宝妈**：我家孩子十分内向，别人家的小朋友在一起的时候总是很快就能玩到一起去，他总是扭扭捏捏地不和人家玩，他说没意思，宁愿自己待着，这么不主动可怎么办啊。

家长们不需要太多担心，内向型的孩子有的时候只是慢热，他们不会像外向型的孩子那样主动，也不会像外向型孩子很快就能和其他人打成一片。他们需要先适应一下，需要进行思考，进行观察，需要克服内心的恐惧和羞涩，鼓励自己去和他人说话，去和别人一起玩，而这些都是需要时间的。所以，家长们在面对内向的孩子的时候，千万不要着急，多给他们一些时间，让他们做好充足的准备去适应、去改变、去融入。

灿灿是个非常害羞的小女孩，经常是和陌生人说句话就脸红了，更别提和别的小朋友一起玩了。

一个周末，妈妈带灿灿去超市买一些生活用品。妈妈想要给灿灿买一个小板凳，可是找了半天也没有找到，需要向售货员咨询一下。同时，妈妈想锻炼一下灿灿，于是就让灿灿去问售货员。

妈妈："灿灿，你去找一下那个穿着红短袖的阿姨，问问她儿童小板凳在哪里？"

灿灿看了看那个阿姨，犹豫了一会儿说："妈妈，还是你去吧。"

妈妈："为什么呢？"

灿灿："我不想去，我害怕。"

妈妈："你怕什么呢？"

灿灿："我不知道和阿姨说什么。"

妈妈："妈妈刚才不是都告诉你了吗，你就和阿姨说'阿姨，你能告诉我儿童小板凳在哪里吗'？"

灿灿还在犹豫，妈妈对灿灿说："你试着去问问，你问出来我们买完了好回家啊，快点儿。"

妈妈的声调稍微有一点高，这让灿灿非常害怕，也许是因为自己的害羞让妈妈生气了，灿灿站在那里不动，竟然小声地哭了起来。

这个时候，妈妈就生气了："你都这么大，让你去询问点东西都这么费劲，板凳不给你买了。"说着就拉着灿灿回家了。

回到家，爸爸看到生气的老婆和哭泣的女儿，非常纳闷，赶紧询问情况。

爸爸："灿灿，你怎么了啊？"

灿灿仍在哭泣，没有吭声。

妈妈说："我想给她买个板凳，找了挺长时间也没有找到，我就让她去问问售货员，可是她说什么也不去，真气人。"

爸爸明白了事情的经过，对妈妈说："你先别生气了，孩子本来就内向，你突然让她和一个陌生人说话，她肯定会抵触的，你就不要说她了。"

爸爸："这也不是着急的事情，我明天带灿灿去买板凳吧。"

第二天，爸爸带着灿灿去超市买板凳，到了超市之后，爸爸对灿灿说："灿灿，你去问问阿姨板凳在哪里好吗？"

灿灿："我不想去问。"

爸爸并没有像妈妈那样着急，而是轻声地对灿灿说："灿灿为什么不想去呢，你能和爸爸说说原因吗？"

灿灿："我不知道该如何开口，而且我害怕我说不好阿姨会嘲笑我。"

爸爸："灿灿，你想得太多了，你都没有试一试怎知道阿姨的反应呢？没准儿，阿姨会给你一个不一样的反应呢？"

灿灿："真的吗？"

爸爸："真的啊，灿灿不着急，爸爸在这里等着你，等你想好了再去问阿姨好不好？"

灿灿点了点头，在原地站了很久，又看了看阿姨，最终决定去问阿姨。她犹犹豫豫地，刚刚迈出去的脚步又缩了回来。这个时候，爸爸给了她一个加油的手势，眼里也充满了鼓励，灿灿在爸爸的鼓励下终于勇敢地走到了阿姨的身边。

来到阿姨的身边，轻轻地喊了一句："阿姨。"

阿姨看到灿灿之后，微笑着说："小朋友你有什么事吗？"

灿灿的脸唰的一下就红了，结结巴巴地说："阿姨，我，我想……"

阿姨仍然保持着微笑："小朋友，别着急，慢慢说。"

看到阿姨微笑的脸，灿灿似乎没有那么紧张了，终于鼓足了勇气，大声对阿姨说:"阿姨,我想问一下儿童板凳在哪里。"

阿姨听后笑着说:"原来是这个啊,儿童板凳就在离这不远的地方,刚好阿姨也想要去那里拿点东西,阿姨带你过去好不好?"

灿灿看了看爸爸,爸爸点了点,售货员领着灿灿去了卖儿童板凳的区域。最后,灿灿拿着一个漂亮的儿童板凳回来了。

灿灿高兴地对爸爸说:"你看这个板凳好看吗?是阿姨帮我挑的。"

爸爸:"非常漂亮,你谢谢阿姨了吗?"

灿灿自豪地点了点头,接着说:"那当然了,我是懂礼貌的灿灿。"

专家解读:

灿灿是一个非常内向的孩子,有着明显的内向型孩子的特点,害羞、胆小、怯懦、心思细腻。这些特点让她不敢在陌生人面前开口,之所以不敢开口是因为她的想法很多,想到了很多可怕的后果,这也是内向型孩子的弱点之一。他们在做一件事情的时候,总是会有很多的想法,而且对自己缺乏信心,还很要面子,总是害怕自己说不好,别人会嘲笑自己,自己会丢面子。这也就是为什么灿灿的妈妈很生气,但是灿灿依然不肯前进的原因。

从案例中我们可以看出,灿灿的妈妈是性格急躁的人,她虽然想锻炼灿灿的胆量,但是有点太着急了,让灿灿感受到压力,而且她的责备让灿灿更加自卑,让灿灿感到无助,最终大哭起来。反观灿灿的爸爸,他知道要给孩子充足的时间,让孩子做好充足的心理准备,并且耐心地引导,最后让孩子抛开了担忧,大胆地进行了尝试,最终成功买到了自己想要买的东西。

  内向型的孩子心思比较细腻，他们在做一件事情的时候总是会有很多的想法，能考虑到各种后果，最终不敢下决定去做，也就是我们通常所说的优柔寡断。所以，对于内向型的孩子来说，我们不要着急，要给他们充足的时间，帮他们做好各种分析，让他们放心大胆地去做，要让他们体会到成功的乐趣，从内心勇敢起来。家长们不要总是催促自己的孩子，在给孩子分析了各项利弊之后，让孩子自己去迈出一步。你的等待有时候对孩子也是最好的鼓励。

> **给家长的话**
>
>   有的时候，内向型的孩子做事情确实是很让人着急，但是作为父母不要总是给他们制造压力，应该多给他们一些时间，多给他们一些微笑，给他们一些正确的引导。

第五章
不叛逆不童年，
儿童逆反的心理根源

随着孩子年龄的增长，他们会变得叛逆，会和父母对着干，不听父母的话，和父母顶嘴……虽然他们年龄小，可是他们却能够想出各种各样和父母对着干的方式，让父母头疼不已。每个父母都希望自己有一个听话的孩子，但并不是所有的孩子都能够成为听话的孩子，而且听话的孩子也不一定是优秀的孩子。反观那些叛逆的孩子，他们有主见，凡事都有自己的想法，有着强大的自尊心，而这些才是作为一个人应该具备的。随着孩子年龄的增长，孩子的自我意识会越来越强，他们会逐渐脱离父母，开始认识自我，走向独立。父母应该做的是帮助他们更好地成长，给予他们更好的教育，给他们一个快乐的童年。

叛逆：对着干，你说东他偏往西

🎵 **宝妈**：我家孩子总是和我们对着干，让他吃饭的时候他非看电视，让他写作业的时候他总是要先和小伙伴一起玩游戏，让他九点钟上床睡觉，他非要折腾到半夜才睡。面对这样一个叛逆的孩子，头都大了，怎么办呢？

孩子叛逆都是有原因的，在孩子长到两岁左右，就进入一个叛逆期，他们的自我意识越来越强烈，开始尝试着按照自己的意愿去做一些事情。除此之外，家庭环境和教育的方式也是引起孩子叛逆的主要原因。

小爱刚刚生下来的时候，是父母眼中的"小可爱"，很爱笑，非常招人喜欢。乖巧的小爱给父母带来了很多快乐，让初为人父人母的他们十分幸福。但是，幸福的时光总是短暂的，尤其是在小爱两岁之后，再也不是从前乖乖的"小可爱"了，而是变成了一个刁蛮任性的"小人儿"。

小爱两岁时，姥姥、姥爷来看小爱，小爱见到姥姥、姥爷非常高兴，姥姥、姥爷刚刚到家里小爱就缠着他们和自己玩。妈妈见到小爱对姥姥、姥爷这么热情，非常开心，但是姥姥、姥爷从远方过来，很辛苦，妈妈想让他们先休息一下。

妈妈："小爱，姥姥、姥爷坐了很长时间的车，先让姥姥、姥爷休息一会儿，一会儿再和小爱玩好不好？"

小爱："我不要，我现在就要姥姥、姥爷和我一起玩。"

说着就爬到了姥爷的身上，让姥爷和她玩捉迷藏。

妈妈:"姥爷年纪大了,坐了那么长时间的火车,非常辛苦,先让姥爷休息一下,听话,你自己先去玩一会儿好不好?"

小爱摇着脑袋说:"我不要,我就要现在玩。"

妈妈:"你怎么这么不听话呢,快去自己的房间。"

小爱撅着小嘴,非常不高兴,最后竟然坐到地上哇哇大哭起来,姥爷见到外孙女坐到了地上,非常心疼,赶忙起身说:"小爱,不要哭了,姥爷和你玩。"说着就起身和小爱玩起了游戏。

妈妈还想要阻止,这时姥姥开口了:"你就让她玩吧,小孩子嘛,玩个游戏也累不着,你就不要再管了。我们好不容易来一趟,你就不要那么多的限制了。等到我们走了你愿意怎么管就怎么管。"

听到姥姥这么说,妈妈也就没有再说什么,去厨房准备午饭了。

小爱和姥爷玩了一会儿捉迷藏,因为每次姥爷都能找到,而且家里能藏的地方也都藏过了,小爱觉得很无聊,就嚷嚷着要做其他的游戏。姥爷和小爱玩了那么长时间的游戏,明显体力不支,想坐下来休息一会儿,刚刚坐下来就听到小爱喊:"姥爷,你快过来,快和我玩骑大马的游戏。"

姥爷气喘吁吁地说:"姥爷太累了,让姥爷休息一会儿好不好?"

小爱生气地说:"姥爷真是的,刚玩了多长时间啊,你就累了,姥爷没出息。"说着就撅着小嘴跑了。

没过一会儿,可能是太无聊了,小爱又跑了出来,缠着姥爷和她玩游戏。看着疲惫的姥爷,姥姥急忙说:"小爱,姥爷累了,姥姥陪你玩好不好?"

小爱:"我不要,和姥姥做游戏没意思,我就要姥爷和我玩,姥爷你快起来当我的'大马'。"说着又撅起小嘴,做出一副要哭的架势。

姥爷赶忙说:"小爱,不要哭了,姥爷陪你玩。"

姥爷说完,小爱就指挥姥爷趴下,自己爬到了姥爷的背上,当起了骑手。一会儿让姥爷爬到这,一会儿让姥爷爬到那,嘴里还喊着:"驾,驾,驾……"坐在姥爷背上的小爱非常的欢腾,但是被当作马的姥爷很快就满头大汗了。

这时，妈妈从厨房出来，看到这样的情景，就赶紧让小爱下来，小爱似乎还没有玩够，坐在姥爷的背上就是不肯下来，还对姥爷说："大马，快跑，快跑，我们要躲过妈妈的追赶。"

听到小爱这么说，妈妈把小爱从姥爷的背上抱了下来。被抱下来的小爱小腿不停地乱蹬，以此来表示反抗，嘴里大声喊着："我不要，我不要，我还要和姥爷玩，你是坏妈妈。"

妈妈不顾小爱的反抗，径直将小爱抱到了房间里，对小爱说："不管我是坏妈妈还是好妈妈，你都做错了，你自己在这里反思一下哪里做错了，反思好了再出来。"

被锁到房间的小爱大声地哭闹，不停地捶门，妈妈在门外说："你不要再捶门了，你赶紧反思一下自己哪里错了，你知道哪里错了再出来。"

小爱在里面大声喊："我没有错。"

妈妈："那你就在里面待着吧。"

小爱闹了一会儿，似乎累了，就坐到了床上生闷气。

妈妈也并没有理会，只有姥姥和姥爷在那里干着急，妈妈又去厨房做饭了。

等到吃饭的时候，妈妈对着小爱喊："小爱，你知道错了吗？我们现在要吃饭了啊。"

小爱生气地说："哼，我不吃啦，你们吃吧。"

姥姥这个时候着急地说："怎么着也要让孩子吃饭啊，小爱你快和妈妈说你错了，然后出来吃饭。"

小爱说："我没有错，我就是没有错。"

姥姥对妈妈说："这个孩子怎么这么倔强呢？"

妈妈无奈地说："不知道最近怎么了，就好像是变了一个人，越来越叛逆了。"

专家解读：

当孩子长到两周岁之后，就进入了一个叛逆期，这个时候的孩子也就到了最不好管的时期。就像案例中的小爱，她以前是一个可爱的小姑娘，但是两岁后却变成了一个刁蛮的小姑娘。当姥姥、姥爷来到家里的时候，非要让姥爷陪着她玩，妈妈不让，她就和妈妈对着干。妈妈对小爱采取了措施，可是小爱仍然没有意识到自己的错误，还拒绝道歉，最后还以不吃饭作为要挟。

很多家长都喜欢在孩子犯错的时候让孩子自己冷静，让孩子自己去认识自己的错误，想让孩子冷静下来再去教育孩子。其实，有的时候这种做法反而起不到任何效果。因为，孩子的思维能力还是有限的，他们不会像大人那样在一个安静的空间内会让自己快速地冷静下来，他们的心智还不成熟，大多数的孩子并不能很好地做到冷静。相反地是会在独立的空间中产生更加严重的逆反心理，就像案例中的小爱。家长们在教育孩子的时候一定要注意这一点。

叛逆的孩子桀骜不驯，喜欢和大人对着干。这令家长们非常头疼，有的时候对他们的叛逆束手无策。其中主要的原因就是他们都像案例中小爱的妈妈一样，并不知道孩子叛逆的原因是什么。要想解决一个问题，就要知道产生问题的原因，只有对症下药才能药到病除，对于孩子的叛逆也是一样的道理。

那么，孩子产生叛逆的原因是什么呢？

通常情况下，孩子会在两周岁左右进入成长过程中的一个叛逆期，这个时候孩子的自我意识开始觉醒，他们有了自己的想法，思维能力得到了进一步的发展，他们想要按照自己的意愿去做事情，他们希望通过这种方式来证明自己的存在，他们想要告诉大人自己也是有想法的。这个时候孩子和家长对着干并不是故意的，是孩子成长过程中的一个必经阶段，家长们可以不必太过担心。家长们需要注意的就是多一些耐心，去聆听孩子的想法，如果他们的想法是正确的就要做出适当的表扬和鼓励；如果他们的想法是错误的，也不要急着批评，要指出孩子的错误之处，让他朝着正确的方向去想。

一般情况下，叛逆的孩子脾气也大，而且容易急躁，他们会有比较强烈的叛逆表现，家长们在教育的时候要注意方法。而且有研究表明，叛逆的孩子往往具有较强的自我意识、决策能力和创新能力，取得成功的机会比普通的孩子还要大一些。可以看出，孩子的叛逆也可能并不完全是一件坏事。

> **给家长的话**
>
> 叛逆的小孩在小的时候会显得独树一帜，也经常让父母伤心，但这并不影响他们未来的发展，但前提是要有家长们正确的引导。

孩子的无理取闹，要温和而坚决地制止

♪ **宝妈**：我家孩子经常想要做什么事情，如果不按照他的意愿去做的话，他就会大声哭闹。尤其是带他去商场的时候，他想要买的玩具如果不买给他的话，他就会大声哭闹，经常会让人很没面子。真不知道该如何是好？

在面对孩子无理取闹的时候，家长们要学会温和而坚决地制止。也就是说，不要对孩子采取暴力的措施，这样只会让孩子更加任性。家长们需要有一个温和的态度，但是立场要坚决，不能去满足孩子无理取闹的要求，一旦让

孩子得逞，孩子就会总是会用哭闹的方式去达到自己的目的，如果每次都这样的话，孩子就会变得蛮不讲理，到时候想要去纠正就为时已晚。

星期一的早上，妈妈正在梳妆台前化妆，爸爸也在快速洗漱，准备和妈妈一起出门上班。与之形成鲜明对比的是坐在地上的荣荣，他坐在地上专心致志地玩着玩具，好像忙忙碌碌的世界和他没有关系，他完全沉浸在游戏的世界中。

妈妈正在忙碌着，这个时候，荣荣好像厌烦了一个人的游戏世界，跑过来对妈妈说："妈妈，你能和我玩会儿游戏吗？"

还没等妈妈开口，爸爸就先开口了："妈妈上班快要迟到了，等妈妈下班回来再陪你玩吧。"

荣荣的脸上马上就露出了难过的表情，脸也一直在抽搐，就好像悲伤的情绪让他哭不出来一样。过了一会儿，荣荣突然号啕大哭起来，一边哭一边说："我就要妈妈陪我玩游戏，我现在就要妈妈陪我玩游戏。"

爸爸看到荣荣这么任性，板起脸来说："荣荣，你怎么可以这么任性呢？妈妈要着急上班，你自己去玩一会儿，不能这么不听话。"

这个时候，荣荣的情绪更加激动了，他号啕大哭起来："我现在就要和妈妈玩，我现在就要和妈妈玩。"说着坐到了地上，小腿乱蹬。

这时，妈妈对爸爸说："你去忙你的吧。"

爸爸说："这个孩子怎么办？"

妈妈说："交给我，你放心吧。"

妈妈对着坐在地上的荣荣说："荣荣，赶快起来，去洗一把脸。"

荣荣仍然乱蹬着小腿："我不要，我不要，除非妈妈和我玩。"

妈妈："你不起来的话，那你就一直坐在那里吧，我现在要去换衣服了。"妈妈说完就去房间里换衣服了，等到妈妈换完衣服，荣荣仍然坐在地上。

妈妈这个时候说："我已经换完衣服了，我现在要去吃早饭，你吃不吃饭？"

荣荣："我不吃，我要妈妈和我一起玩游戏。"

妈妈："好吧，那我去吃饭了。"说着就走到了餐桌前吃起了早饭。

妈妈一边吃一边说："这个包子真的是太好吃了，荣荣你要不要过来尝尝？"

荣荣仍然撅着小嘴说："我不要吃，妈妈你赶紧过来和我玩游戏。"

妈妈："那就太可惜了，荣荣爸爸你快过来吃包子，今天的包子真的是太香了。"

爸爸应了一声，洗漱完毕之后就赶紧过来吃包子。爸爸拿起一个包子吃了起来，也夸张地说："这个包子真的是太好吃了。"

妈妈："爸爸都说这个包子太好吃了，你要不要过来吃？"

荣荣把头扭向一边："我不要吃，你不和我做游戏我就不吃。"

妈妈没有理会荣荣，而是接着吃早餐，吃完早餐之后，妈妈把餐具收拾好，对荣荣说："我现在要出门了，你赶快穿衣服，我送你去奶奶家。"

荣荣仍然坐在那里，这个时候妈妈说："你不动的话，我就走了，到时候你就一个人在家里，没有任何人陪你玩了，你要考虑清楚。"

荣荣听到要自己一个在家里，就马上起身，赶紧跑到自己的房间去穿衣服，爸爸惊讶地看着妈妈，妈妈朝爸爸做了个鬼脸，这个时候妈妈故意催促着荣荣："荣荣，你快点，妈妈马上就要迟到了，你再不出来妈妈就下楼了。"妈妈的话音还没落，荣荣就穿好衣服走了出来。

专家解读：

我们可以看出荣荣的脾气是比较急的，妈妈没有答应他的要求，他就大闹了起来，可以看出荣荣的性格十分倔强，坚持要达到自己的目的。

荣荣爸爸显然也是一个性子很急的人，他在面对荣荣的无理取闹的时候，显然很快就失去了耐心。而妈妈则选择了正确的做法，她并没有大呼小叫，也没有脸红脖子粗，相反地是非常的淡定，该做什么就做什么，在做的同时也让荣荣去做，荣荣没有做，她也没有生气，而是继续做着自己的事情。在面对荣荣的进一步哭闹下，她也没有妥协，而是继续采用相同的方式去对待。在妈妈"视而不见"的措施下，荣荣也知道了自己的反抗是毫无意义的，也就不再抵抗了，而是乖乖地和妈妈去了奶奶家。当我们面对孩子无理取闹的时候，最好的办法就是面带微笑地坚持，和孩子进行一场安静的"战争"。

有的孩子性格比较急躁，他们的脾气来得很快，而且性格也十分倔强，他们想要做成的事情就必须要做成，如果家长不答应他们的要求，他们就会采用哭闹、耍赖的方式来让父母妥协。在这样的情况下，有的家长可能会暴跳如雷，用暴力的方式来让孩子放弃；有的家长则是直接妥协，答应孩子的要求。其实，这两种做法都不好，都不能从根本上解决问题，也不能够让孩子放弃。而最好的办法应该是就像荣荣的妈妈一样，用温柔的方式制止，不妥协也不反抗，而是采用不理会的方式，让孩子自己主动放弃。

其实，家长在不理会的过程中，也是让孩子冷静的一个过程。让孩子明白自己的要求是不正确的，让他们渐渐意识到自己的错误。因为孩子在哭闹的过程中是听不进去任何道理的，这个时候你说什么他也是听不进去的，与其和他发脾气和他讲道理，还不如无视他的行为。给他充足的时间去发泄心中的不满，让他尽情地哭泣，等到他把心中的不满都发泄出来之后，让他慢慢地平静下来，等到他冷静的时候，再选好时间和他讲讲道理，是能够达到比较理想的效果的。

> **给家长的话**
>
> 当孩子无理取闹的时候，家长们一定要沉住气。想要成为一个聪明的家长，就要学会微笑地去对待孩子的无理取闹，要有自己的底线，要让孩子做任何事情都要讲理，使他明白无理取闹是达不到任何目的的。

创造情境，让孩子学会尊重别人

🎵 **宝妈**：我家孩子不懂礼貌，不懂得尊重别人，让别人帮忙的时候也不会说"请，谢谢"，都是"喂，给我干点什么"，就好像别人帮他做事情都是理所应当的，这该怎么办呢？

这种孩子性格比较刚烈的，他们喜欢命令别人，脾气急躁，这样的孩子通常有领导能力，但是他们在人际交往的过程中却很难得到别人的认可，会不受同伴的欢迎，会处于一个比较孤立的境地，这往往对于孩子的人际交往会有很大的影响。所以，家长们应该培养孩子尊重别人的意识，让他们懂文明，讲礼貌，才能更好地和别人相处。家长们可以采用创造情境的办法，让孩子学会尊重他人。

凯凯正坐在沙发上看电视，这个时候他突然觉得口渴，就大喊了一句："我渴了，我要喝果汁。"

妈妈："我正在洗碗呢，你自己去拿一点喝好不好？"

凯凯："我渴了，现在就要喝。"

妈妈："你这孩子怎么这么不听话呢？真是给你惯坏了。"妈妈虽然嘴上这么说着，还是放下手里的活去给凯凯倒了一杯果汁，她拿着果汁走到凯凯的面前，对凯凯说："给你果汁，快喝吧。"

由于妈妈站的位置刚好挡住了电视画面，凯凯不耐烦地说："妈妈，你快躲开，你挡住我看电视了。"妈妈只好把果汁放到茶几上，说了句："你赶快喝，喝完自己把杯子洗了。"说完就去厨房干活了。

凯凯并没有理会妈妈的话，喝完果汁直接将杯子放在了茶几上，并且大喊道："我喝完了，你把杯子洗了吧。"

妈妈："不是让你自己洗吗？"

凯凯："我还要看电视呢，你洗了吧。"

妈妈抱怨道："你这个孩子，真是气人。"

凯凯："你不要啰唆了，快去洗吧，我都听不清电视中说的是什么了。"

这就是凯凯。因为爸爸长期在外地工作，妈妈一个人带着凯凯，对凯凯娇惯有加，让凯凯养成了不懂礼貌的坏习惯，再加上凯凯的性格倔强，虽然妈妈很想帮凯凯改掉这个毛病，可是试了很多方法都没有用。

一天，爸爸从外地回来，爸爸刚到家，凯凯就大声喊："你给我带礼物了吗？"并且就要翻爸爸的行李箱。爸爸看到凯凯的这样，刚想要发火，但是想到凯凯现在已经上幼儿园了，正是处于叛逆期，采用强硬的手段肯定是不好使的，就选择了另外一种方式。

爸爸："什么礼物啊，给谁的礼物啊？"

凯凯："我的，我的。"

爸爸："为什么要给你带礼物啊？"

凯凯："因为你是我的爸爸啊。"

爸爸："我是你的爸爸啊，我进门都这么长时间了，也没听到你叫爸爸啊。"

凯凯听到之后就大声喊了一句"爸爸"。接着说："这下你可以给我礼物了吧，快把礼物给我吧。"

爸爸："我为什么要给你礼物呢？我坐了一路车很辛苦，我还没有坐下呢。"

凯凯："爸爸，你快坐下。"

爸爸："我口很渴啊。"

凯凯："我去给你倒杯水。"说着就给爸爸倒了一杯水。

凯凯焦急地说："现在可以给我礼物了吗？"

爸爸："还是不能给你。"

凯凯失望地说："为什么还不能给我啊？"

爸爸："我还没有给妈妈呢，妈妈每天照顾你那么辛苦，我要先给妈妈礼物。"

妈妈接过礼物之后，非常高兴地对爸爸说："谢谢老公。"

给完妈妈礼物之后，爸爸这时才掏出给凯凯的礼物，是一款新型的玩具车，凯凯看到了非常喜欢，就着急地说："快给我，快给我。"

这时爸爸却将玩具车放到了背后，接着说："你怎么又这样了，我刚才说什么了？"

凯凯想起了刚才爸爸的教训，就轻声地说："爸爸，请把玩具给我吧。"

听到凯凯这么说，爸爸把玩具车给了凯凯，凯凯拿到玩具车非常高兴，拿起来就去玩了。这个时候爸爸说："凯凯，你是不是忘了什么啊。"

凯凯："我忘了什么啊，什么都没有忘啊。"

爸爸说："你再好好想想，想不出来的话玩具车我就要没收了。"

凯凯想了想，还是摇摇头。这个时候，爸爸说："妈妈刚才是怎么做的？"

凯凯恍然大悟，放下玩具车，恭恭敬敬地爸爸说了一句："谢谢爸爸。"

爸爸高兴地说："很好，快去玩吧。"

专家解读：

孩子不懂礼貌，除了性格的原因，和家庭教育也是有很大关系的。从案例中我们可以看出，因为凯凯的爸爸长期在外地工作，妈妈一个人带凯凯，对他也是百般的宠爱，最后让孩子养成了不懂礼貌的习惯。我们可以看出，虽然妈妈嘴上总是抱怨孩子不懂事，可是她并没有对凯凯做出任何批评，也没有拒绝凯凯的要求。这样的教育方式很难起到作用。

反观凯凯的爸爸，没有像凯凯妈妈那样娇惯孩子，直接将礼物给他。

而是变换了一种方式，他抓住了孩子非常想要玩具的心理，创造了一个又一个的情境对孩子进行教育，教会了凯凯礼貌用语。所以，家长在面对不懂礼貌的孩子的时候，可以向凯凯的爸爸学习。

尊重他人是最起码的礼貌，不懂得尊重他人的人也得不到他人的尊重，而且不懂得尊重人，就不会受到他人的喜爱，很难在社会上立足的。

孩子不懂礼貌，不尊重人，除了家长的性格和家长的溺爱之外，家长错误地示范也是一个重要的原因。因此，家长应该给孩子做一个良好的示范。经常性把"请、谢谢、不客气"等这些话挂在嘴边，让孩子时时刻刻处于一个礼貌的环境当中。就比如，孩子帮你做了某件事情的时候，你要对他说"谢谢"，当你让孩子做一件事情的时候，也要对孩子说"宝宝，帮妈妈做一件事情好不好"，而不要采取直接命令的方式。这些虽然是很小的细节，但是对孩子的影响却是非常大的。所以，家长们一定要时刻注意自己的言行。

如果孩子十分倔强，以上两种方式都不奏效的话，家长们还可以创造一个情境，让孩子体验不被尊重的感觉。反其道行之，孩子就能够体会到尊重他人的重要性。

> **给家长的话**
>
> 不尊重人、不讲礼貌是非常不好的习惯，家长们应该重视起来。出现这一问题，需要家长们及时去纠正，去引导，要让自己的孩子成为一个讲文明，懂礼貌的孩子。

狡辩不认错的孩子，需要循循善诱

宝妈：我家孩子太能狡辩了，有的时候明明犯错误了，但他总要为自己的错误狡辩，不承认错误。错了就是错了，承认错误改正了不就是好孩子，为什么要去狡辩呢？孩子这是怎么样的一个心理呢？面对这样的孩子我们应该怎么办呢？

孩子狡辩在很多情况下都是为了逃避惩罚和责任，这和家庭教育有很大的关系。因此，在面对孩子狡辩的时候，家长们应该拿出足够的耐心，循循善诱，慢慢地让孩子认识到自己的错误，承认错误，最后改正自己的错误。

淘淘是一个很调皮的小男孩，因为调皮、淘气，总是给爸爸妈妈惹下很多麻烦，让爸爸妈妈十分的头疼。但让妈妈最头疼的还是他的"狡辩能力"，因为每次犯错的时候，他总是用他的"三寸不烂之舌"让妈妈无言以对。

放暑假的时候，妈妈带着淘淘去乡下的姥姥家做客，姥姥家的大院为淘淘提供了游戏的场所。淘淘在院子里东跑西颠玩得十分开心，这个时候隔壁家的小男孩来找淘淘玩，两个人小家伙凑到一起，安静的院子一下子就热闹起来，两个人你追我赶，打打闹闹，玩得不亦乐乎。妈妈和姥姥就坐在旁边的菜园子里摘菜，为午饭做准备。

过了一会儿，原本十分闹腾的两个人突然安静下来了，妈妈觉得不对劲，就赶紧跑到院子里去查看情况。妈妈走到院子里的时候看到地上躺着一只鸡，就赶紧询问情况。

妈妈："这是怎么回事？"

两个人都不说话，妈妈见两个人都不说话，就提高了嗓门说："我问你们呢？这个是怎么回事？"

隔壁家的小男孩被淘淘妈妈提高的声调吓得直哆嗦，张口想要说什么，可是被淘淘拦住了，淘淘理直气壮地说："我们也不知道怎么回事。"

妈妈："你们也不知道怎么回事，难道是这只鸡自己躺到这里来的吗？"

淘淘："我们不知道，反正它就躺在这里呢。"

妈妈："你怎么这么能狡辩呢，说，是不是你们两个人弄的？"

淘淘："我说了不是，而且你也没有看见是我们弄的啊，你来的时候它就已经躺在那里了，这和我们两个人有什么关系呢？"

妈妈："这里就你们两个人，这只鸡肯定是你们两个人弄的，你快说到底是怎么回事？"

淘淘："又不是我们做的，我们知道怎么回事呢？"说着就拉着隔壁的小男孩跑出去了，还向妈妈做了个鬼脸。

妈妈生气地说："等你回来再收拾你。"

淘淘和邻居家的小男孩在外面玩了一会儿，马上就到中午了，淘淘的肚子也开始咕咕叫了，他就回到姥姥家，刚刚到院子里就大声喊："姥姥我饿了，饭好了吗？"

姥姥："饭好了，快洗洗手吃饭吧。"

淘淘听到应声之后，马上跑到屋里，看到桌子上摆满了饭菜，拿起筷子就要吃，这个时候妈妈刚好进来，夺过淘淘手里的筷子，生气地说："你今天不承认错误就别想吃饭。"

淘淘："我没有犯错误，为什么不让我吃饭？"

妈妈："你还说你没有犯错误，你说姥姥家的那只鸡是怎么回事？"

淘淘："我不知道。"

妈妈："还狡辩是吧，那你就站在那里别吃饭了。"

淘淘生气地说："妈妈是个坏妈妈，哼。"

这个时候姥爷从外面回来了，看到这样的情景，就问妈妈是怎么回事，妈妈和姥爷说明了情况，姥爷了解了情况之后，就开始教育淘淘。

姥爷："淘淘，和姥爷说实话，是不是你和明明弄的？"

淘淘："不是，我说了不是。"

妈妈："可是院子里面就你们两个人，不是你们还有谁？"

淘淘："妈妈你也没有看到我们，凭什么说是我们弄的？"

妈妈还想要说什么，被姥爷给制止住了。

姥爷和蔼地对淘淘说："淘淘，你先不要着急，姥爷问你，你喜欢吃鸡蛋吗？"

淘淘："当然喜欢吃了。"

姥爷："那你知道鸡蛋是哪里来的吗？"说着指了指餐桌上的西红柿炒鸡蛋。

淘淘："鸡下的呗。"

姥爷："那你知道是哪只鸡下的吗？"

淘淘："不知道。"

姥爷："就是今天死掉的这只鸡下的。"

淘淘："是吗？"

姥爷接着说："虽然那只鸡你看起来没什么，但是是姥姥辛辛苦苦喂大的，它下的鸡蛋为我们提供了营养，你说它的功劳是不是很大呢？"

淘淘："这么说，它的功劳确实是挺大的。"

姥爷叹了口气："只可惜啊，它付出了那么多，最后却不明不白地死掉了。唉——"

淘淘想了想，犹豫了再三，最终鼓起了勇气，向姥爷说："姥爷，我错了。"

姥爷："你怎么错了？和你一点关系也没有啊。"

淘淘："那只鸡是我和明明弄死的。"

姥爷："你说说是怎么回事？"

淘淘："我们两个在院子里玩，看到那只鸡跑了出来，我们就追着它玩，追上它之后我们两个就扔石头砸着玩，一不小心把它砸死了。"

姥爷："好孩子，知道承认自己的错误就好，下次不要这么做了好吗？我们要爱护小动物，它们是人类的朋友，我们应该和它们友好相处是不是？"

淘淘认真地点了点头。

专家解读：

从案例中我们可以看出淘淘的性格十分倔强，他为了逃避惩罚，不承认自己的错误，为自己狡辩。从妈妈的反应中我们可以看出妈妈平时对于淘淘应该是十分严厉的，性格也比较急，当淘淘犯错误的时候，她不管三七二十一，上来就要淘淘认错，可见淘淘的狡辩和妈妈平时的教育方式也有很大关系。

而姥爷的做法就比较睿智，他没有直接点明淘淘的错误，也没有非要说是淘淘干的，而是采用了循循善诱的方式，让淘淘一步一步地认识到了自己的错误，最终承认了自己的错误，达到了教育目的。因此，家长们在面对狡辩的孩子的时候，也是需要动一番脑筋的，有时候不是严厉的批评就能够解决问题的。

有的家庭对孩子犯错会采用比较严厉的教育方式，久而久之，孩子就会产生恐惧的心理，会让孩子一直处于紧张的氛围中，害怕自己犯错误，一旦犯错误就会想尽各种办法为自己的错误狡辩，不承认自己的错误，以此来逃避惩罚和应该承担的责任。除了家庭教育的因素之外，和孩子的性格也有很大关系，有的孩子天生比较叛逆，自我意识太强，不接受别人的批评，总是找理由为自己的错误辩解。

给家长的话

孩子狡辩确实很让家长头疼，也很让家长生气，与其生气和头疼，不如多用一些耐心，引导孩子，让孩子主动承认错误，这样才能有更好的教育作用。

人小鬼大，三岁的孩子也"叛逆"

🎵 **宝妈**：我家孩子三岁之后，就好像变了一个人，不再是以前听话的"乖"孩子了，特别有主意，我们说什么也不听，总是和我们对着干，这么小的孩子，怎么这么叛逆呢？

两三岁是孩子叛逆的高峰期，家长们是不需要很担心的。这个时候的孩子自我意识有了进一步发展，他们开始对父母说"不"，开始违抗父母的命令，这都是孩子的正常发展，说明孩子的自我意识在增强。家长们可以为孩子制定一个底线，如果孩子的叛逆没有超出这个底线，不会给孩子带来坏的影响，那么就让他们尽情地去释放自己吧。

惠儿今年三岁了，是一个活泼可爱的小姑娘，也是一个性格倔强、非常有主见的小姑娘。

六一儿童节，幼儿园举办了儿童联欢会，惠儿准备了一首歌，在演出的前一天，惠儿和妈妈挑选演出的服装。惠儿演唱的歌曲是《小蜜蜂》，妈妈想让惠儿穿一件黄色的裙子，让惠儿扮成小蜜蜂的样子。

妈妈拿着一件黄色的裙子对惠儿说："惠儿，你穿这件黄色的衣服吧。"

惠儿："可是我想要穿那件粉色的裙子，我喜欢那件粉色的。"

妈妈："你唱的歌曲是《小蜜蜂》，你把自己打扮成一只小蜜蜂，这样才能很好地诠释这首歌啊，听妈妈的话，穿这件黄色的。"

惠儿："可是我是女孩啊，我想把自己打扮成一个漂亮的小公主，我穿那件粉色的更好看，我要穿那件粉色的。"

妈妈："粉色的太普通了，明天肯定会有很多小朋友都穿粉色的，你穿一件黄色的会让你独树一帜，听妈妈的绝对没错的。"

惠儿："我不要，我就要穿粉色的。"

妈妈："这个孩子怎么这么不听话呢？"但是想到惠儿明天要演出，就只好依着惠儿的意见了。

第二天，惠儿穿着自己喜欢的粉色裙子，信心满满地走上了舞台，用甜美的歌声征服了台下的观众，赢得了热烈的掌声。妈妈看到女儿精彩的演出，也为女儿鼓起了掌。

惠儿除了在穿搭着上有自己的主意，在其他的事情上面也很有自己的主见。

一天，爸爸正在看跆拳道比赛的节目，这时惠儿从幼儿园放学回来了，惠儿瞬间就被精彩的跆拳道比赛给吸引了，和爸爸一起看了起来，看完节目之后，惠儿突然有了一个想法。

惠儿："我想要学习跆拳道，妈妈帮我报名好不好？"

妈妈："你一个女孩子学什么跆拳道啊，女孩子应该学跳舞、画画什么的。"

惠儿："为什么女孩子就不能学习跆拳道，看电视上那个打跆拳道的不也是阿姨吗？"

妈妈："她们是她们，你是你，学习跆拳道那么辛苦，你不要学习那个。"

惠儿："学习跆拳道可以强身健体，我学习了跆拳道可以保护自己，还可以保护妈妈呢。"

妈妈："一个女孩子总是动手动脚像什么，学舞蹈多好，可以培养优雅的气质，你不能去学习跆拳道。"

惠儿："我就要学习跆拳道，我不要学习舞蹈。"

妈妈："妈妈也是为了你好，你怎么就不听妈妈的话呢？"

惠儿："反正我就要学习跆拳道。"

专家解读：

很多家长都打着为孩子好的旗号，剥夺孩子自主选择的权利，帮助孩子做各种各样的决定，当孩子出现反抗的行为的时候，他们就会说孩子不听话，说孩子叛逆，就像案例中惠儿的妈妈一样。

我们看到案例中的惠儿是一个非常有主见的小女孩，她喜欢穿粉色的裙子就坚持穿粉色的裙子，喜欢跆拳道就坚持要学习，并没有听从妈妈的意见，也没有屈服妈妈的"权威"，可以看出惠儿的性格是很坚定的，也是非常倔强的。

孩子长到三岁，自我意识觉醒，他们不会事事都听从父母，也不会事事都按照父母的意愿去做，最后成了父母眼中叛逆的孩子。而父母在面对孩子的叛逆的时候，总是会想方设法地阻拦，让孩子听自己的话，希望把他们训练成为听话的孩子。因为，在现实生活中，很多家长在一起谈论孩子的时候，总是会用听话这些标签来给孩子定义，认为家长说什么是什么，不去反对，对父母的话总是言听计从才是好孩子。但是这样的孩子就真的是好孩子吗？

研究表明，孩子在3个月之后，他们大脑就开始形成有抗拒和选择的意识，他们会接纳自己想要的，排斥自己不喜欢和不接受的东西。等到孩子长到三岁，他们的思维能力得到了进一步的发展，智力也得到了发展，他们的想法会越来越多，就开始反抗父母的命令，成了父母眼中叛逆的孩子。

其实，帮助孩子做选择，这不是在帮助孩子，而是在阻碍孩子进步。如果孩子什么事情都按照父母安排好的去做，什么都按照父母的要求去做，这样的孩子可能会失去自我，虽然会成为父母眼中的乖孩子，但他们会事事依赖父母，什么事情都要父母去做决定，最后成为"长不大的孩子"。

> **给家长的话**
>
> 纪伯伦曾经说过:"你们的孩子,都不是你们的孩子。乃是为生命所渴望的儿女。他们是借你们而来,却不是为你们而来,他们虽和你们同在,却不属于你们。"每个孩子都是一个独立的个体,我们不应该让他们成为我们炫耀的资本,也不应该打着爱的旗号让他们成为我们的附属品,应该尊重他们的想法,让他们的思维可以自由飞翔,到达更广阔的天空。

孩子的沉默,可能是无声的抗议

♪ **宝妈**:我家孩子,有的时候让他干一件事,他就好像没有听见似的,不反抗,也不去做,你问他他也什么不说,不知道这是孩子的一种什么心理,面对孩子沉默的时候我们应该怎么办呢?

有的时候孩子的沉默可能是无声的抗议,有的时候他们不愿意按照父母的意愿去做,但是又不想在嘴上去拒绝父母,所以就会用沉默来抗议。也许他们的心里明白自己说再多,也是没有用的,所以他们就换了一种方式来进行反抗。

澈澈的妈妈整天忙于工作,陪伴他的时间很少,周末的时候妈妈好不容易休息一天,就带着澈澈去游乐园玩。妈妈陪着澈澈玩海盗船、木马、过山车,爬山洞,过鬼屋,澈澈在刺激和惊险当中度过了快乐的一天。很快,时间就到了傍晚,妈妈和澈澈一起吃了比萨,两个人就一起回家。

回到家，澈澈仍然不知疲倦，他把家里所有的玩具又都玩了一遍，已经十点钟了，可是仍然不想睡觉。妈妈带着澈澈玩了一天，非常疲惫，想要休息，可是澈澈仍然要玩，这个时候妈妈失去了耐心："澈澈快去睡觉了，明天再玩吧。"

澈澈小声地说："妈妈，我想再玩一会儿好不好？"

妈妈："不行，赶快睡觉。"

澈澈不听，仍然在玩玩具，妈妈生气了，拿过澈澈手里的玩具，大声地说："不要再玩了，赶快去睡觉。"

澈澈没有说什么，而是闷声起来准备去睡觉，刚走到房间门口就被妈妈叫住了。

妈妈："你就这么走了，你把这些玩具都收拾好再去睡觉，如果你不收拾好的话明天就不要再玩这些玩具了。"

澈澈在房间门口停顿了一会儿，回头想要说什么，但是看到妈妈严厉的眼神并没有说什么，而是乖乖地收拾起了玩具。但是，澈澈这时候有些不高兴了，每放一件玩具就发出很大的声响，就好像是在和妈妈赌气一样。妈妈对爸爸说："这个孩子还学会赌气了。"

澈澈将玩具收拾好就一声不吭地坐在了沙发上。坐了好长时间都没有说话。

爸爸："澈澈，你怎么啦，为什么不说话呢？"

澈澈撅着小嘴不说话。

妈妈："澈澈怎么了啊，是不是不高兴了啊，有什么事情和爸爸、妈妈说说好不好？"

无论爸爸、妈妈怎样哄，澈澈都不愿意和他们说话，眼里的泪水开始打转了。妈妈很着急，就赶紧搂过澈澈，问澈澈到底是怎么了，可是澈澈仍然不说话，还挣脱了妈妈的怀抱。

这个时候，爸爸突然注意到澈澈的头上有个小包，就急忙问："澈澈，你头上的包是怎么回事啊？"

澈澈说："没什么，你不要问了。"

爸爸："告诉爸爸到底是怎么回事呢？爸爸看看严重不。"

澈澈挣脱了爸爸的手，跑到了自己的房间里，把门关上。爸爸赶紧过去敲门，敲了很长时间澈澈才从自己的房间里出来，哭着说："我不是不想睡觉，我只是想让妈妈多陪我一会儿，只有周末的时候妈妈才能陪着我，我只是想明天再收拾玩具，不想今天收拾玩具，为什么妈妈会这么生气呢？"

爸爸："你刚才不说话就是因为这些吗？"

澈澈点了点头。

专家解读：

很多孩子都会出现这样的行为，当你让他吃饭的时候，他会把碗一推；当你让他把电视关掉的时候，他总是坐在那里没有任何行动；当你让他饭后洗手的时候，他总是什么也不说就离开。这些都是孩子在做无声的反抗。有的时候，当他们用语言上的反抗得不到父母的回应，他们就会用沉默的方式来进行反抗，用这种方式来吸引父母的注意。

案例中的澈澈就是这样的小男孩，他想要妈妈多陪他一会儿，可是妈妈非要让他睡觉，他非常不乐意；妈妈让他收拾玩具，他也非常不高兴，但他都没有直接说出来，而是采用了沉默的方式。他的沉默让爸爸、妈妈觉得奇怪，就开始问他怎么了，可是澈澈总是不出声，也不和爸爸、妈妈说话，在收拾玩具的时候故意弄出很大的声音，这也是在表示反抗。

随着孩子年龄的增长，他们自我意识会越来越强，他们会有自己的主意，当面对父母的唠叨或者是不愿意执行的命令的时候，他们就会不做回应，既不反抗也不执行，经常会让父母不知所措。

当孩子用沉默来进行反抗的时候，家长们应该反思一下：孩子出现沉默的原因是什么。要心平气和地和孩子说话，像案例中澈澈的爸爸一样，要对孩子有足够的耐心，让孩子放心，给孩子营造一个放松的氛围，让孩子主动把事情说出来。除此之外，在和孩子说话的时候尽量采用一种平和的语气，给予孩子足够的尊重，孩子也就不会装作听不见，也不会总是用沉默的方式来进行反抗。

> **给家长的话**
>
> 我们总是认为孩子小，认为他们什么都不懂，对他们说话的时候总是采用命令的语气，这样会让孩子感觉到不受尊重，会产生逆反心理，有的时候他们不会直接说出来，而是将这种反抗用沉默来表现。所以，家长们要给予孩子足够的尊重，营造一个平等的家庭地位，让孩子敞开心扉，让孩子愿意说出自己的想法，勇敢地说出自己的意见。

当孩子和家长对着干时，试着让他做选择

宝妈：我家孩子总是喜欢和我对着干，让他往左他往右，到了吃饭的时候想要让他吃饭，可是他非要再玩一会儿，说他不饿。等到大家都吃完了，他又喊饿，真是拿他一点儿办法也没有。

当孩子和你对着干的时候，家长们可以让孩子做选择，让孩子自己选择想要做的事情，家长们可以说出两个孩子都喜欢做的选项，让孩子自己去选择，并且要告诉他做出选择就要承担后果，不要反悔。这样不仅可以

锻炼孩子自主选择的能力，也可以锻炼孩子承担责任的意识。

夏天过去了，天气渐渐变凉了，妈妈决定带着泡泡去商场买秋天的衣服。

在商场里，泡泡被琳琅满目的商品吸引住了，眼睛都看不过来，一会儿摸摸这，一会儿看看那。妈妈在后面一会儿喊："慢点跑，别摔了。"一会儿又听见妈妈喊："泡泡，不要碰那个，碰坏了我们是要赔钱的。"但是泡泡对妈妈的叮嘱毫不在意，仍然在商场里跑个不停，妈妈只好在后面不停地追赶。

好不容易到了卖儿童服装的地方，妈妈让泡泡坐下来休息一儿，自己去给他挑选衣服。泡泡坐在凳子上无聊地踢着脚。妈妈挑了几件衣服回来了，泡泡就开始试衣服，泡泡对衣服毫无兴趣，反而对旁边的玩具产生了兴趣。他试完衣服就跑进了卖玩具的地方。

在玩具店里，一辆蓝色的遥控玩具车吸引了泡泡的注意。他站在玩具车前面停了下来，然后回过头看了看妈妈。

泡泡："妈妈，我想要这个玩具车。"

妈妈："不行，家里有那么多的玩具车呢，好多你都没有玩过呢，不能再买了。"

泡泡："可是家里没有蓝色的汽车，我喜欢蓝色的。"

妈妈："那也不行，家里有那么多，你都玩不过来，不能再给你买了。"

泡泡："我就要这个，妈妈给我买这个吧。"

妈妈："不行，我们还要去买衣服呢，快放下，我们走了。"

泡泡拿着玩具车不放，妈妈就拉着泡泡往外走，可是泡泡死活也不走，挣脱了妈妈的手说："你不给我买我就不走。"说着就坐到了地上哇哇大哭起来，还在地上打起了滚，泡泡的哭闹吸引了很多人前来围观。

妈妈："你快起来，这么多人看着你呢，多丢人啊。"

泡泡："我不要，我就要这个汽车。"

妈妈想了想对泡泡说："妈妈可以给你买这个玩具车，可是妈妈没有带那么多钱，如果给你买玩具车的话就不能给你买衣服了，你就没有新衣服穿了。现在天气越来越冷了，你没有衣服穿，只能冻着了。家里的玩具车有多余的，可是衣服没有多余的，你自己好好想想吧。你想好了告诉我一声。"

泡泡停止了哭泣，他坐在那里想了一会儿，然后拿着玩具车走到了妈妈的身边。

妈妈："想要玩具车是吗？我给你交钱去。"说着起身要去交钱。

泡泡拦住了妈妈，小声地说："妈妈，我不要玩具车了，你给我去买衣服吧。"

妈妈："决定好了是吗？不许反悔了啊。"

泡泡点了点头。

妈妈："把玩具车还给阿姨，我们去买衣服了。"

泡泡非常不舍地把玩具车给了售货员，然后和妈妈一起走了出去。

专家解读：

处于叛逆期的孩子经常会和大人对着干，他们会认为自己的想法是对的，会按照自己的想法来，但是由于年龄以及思维能力的限制，有时他们的想法并不一定正确。就像案例中的泡泡，他已经有了很多的玩具车，可是看到喜欢的仍然要买。而妈妈想的是天凉了给他买衣服穿。

可是小孩子不会想到这些，他们只是想要玩具，他们也不会想到买玩具有没有用，他们只要喜欢就要买，可以说明孩子的想法是有局限的。好在泡泡的妈妈是一个懂得如何教育孩子的妈妈，她并没有发火，也没有批评泡泡，而是和泡泡讲道理，即便泡泡根本没有听进去，还躺在了地上大哭大闹，但是泡泡的妈妈仍然坚持自己的原则，没有妥协，也没有强行将泡泡拉走，最后让泡泡做了一道选择题，和泡泡讲清楚事情的利弊，让泡泡自己去思考，自己做出选择。虽然泡泡的行为让妈妈很没面子，但是妈妈并没有因为自己的面子问题向泡泡发火，而是沉住气采用了很好的教育方式，家长们可以学习和借鉴。

　　孩子有主见是家长应该高兴的一件事情，说明孩子自己进行思考了。但是有时候孩子的想法肯定会有一定的局限性，他们考虑事情是片面的，有的时候他们的想法对于他们并不是有利的，这个时候就需要家长们进行把关了。但是，家长们在把关的时候也需要一定的技巧。千万不要强行地让孩子按照自己的意愿去做，可以把自己想要让孩子做的事情和孩子想要做的事情放在一起让孩子进行选择，前提是要把两件事情的利弊都分析清楚，让孩子自己思考，自己选择，尽量把孩子的注意力吸引到自己想要做的事情上面来。这样可以让孩子感受到充分的尊重，减少他们的逆反心理。

> **给家长的话**
>
> 　　当孩子跟家长对着干的时候，我们可以稍微动一下脑子，多用一些技巧，让孩子做个选择题，多给孩子一些思考的空间。

不妨蹲下来，与孩子平等对话

♪ **宝妈**：我家孩子十分任性，有的时候我们说什么也不听，就是按照自己的想法来，屡教不改，拿他一点儿办法也没有啊。这可怎么办啊？

　　孩子为什么会出现那么强烈的反抗意识呢？原因就是很多家长对于孩子的教育采用"家长说了算"的原则，认为孩子必须服从家长的命令。这会给孩子造成很大的压力。

周末的时候，爸爸、妈妈带着小虎去同事家做客。到了同事家里，妈妈让小虎和同事打招呼。

妈妈："快和阿姨打招呼。"

小虎没有说话，而是走到了沙发上和同事家的儿子看起了电视。

妈妈："小虎，你怎么这么没有礼貌呢，你快起来和阿姨打个招呼。"

小虎没有理妈妈，仍然在专心致志地看着电视。妈妈想要去拉小虎，可是被爸爸制止住了。爸爸向妈妈使了个眼色，小声说："不要发火，等到回家再说。"同事也笑着说："小孩子，没关系的。"

爸爸、妈妈和同事坐下来聊天，小虎就和同事家的孩子一起去玩，两个人刚开始只是在卧室里玩玩具，没过多久两个人就开始在客厅里追赶起来，发出很大的声音。妈妈觉得不妥，就对小虎说："小虎，你小一点声，我们在说话呢。"

小虎："你说你们的，和我有什么关系，你们大声一点说话啊。"

妈妈："你小点声，去卧室和弟弟玩玩具去。"

小虎："我不要，我就要在这里玩，为什么你们大人可以在这待着，我们就必须要去卧室里玩，我就要在这里玩。"

妈妈："我们是大人，你们是小孩子，小孩子就应该听大人的话。"

小虎："凭什么，你这是不尊重小孩子。"

妈妈："你知道什么叫尊重吗？"

小虎："大人和小孩子应该有平等的地位，你们可以在这里，我们也可以在这里。"

小虎的话惹怒了妈妈，这个时候爸爸赶紧来救场。

爸爸走到小虎的面前，蹲了下来。

爸爸："小虎，你看着爸爸的眼睛。"

小虎盯着爸爸的眼睛。

爸爸平静地说："小虎，爸爸、妈妈和阿姨在这里说一些事情，你的声音太大了，影响到我们说话了。"

小虎："为什么你们不能大一点说话呢？"

爸爸:"这是在家里,我们如果太大声说话会吵到邻居的。"

小虎:"这样啊,那为什么非要让我们去别的地方玩,你们为什么不去别的地方谈话呢?"

爸爸:"小孩子在哪里玩都是可以的,你们可以坐在地上玩,但是我们三个人坐在地上说话你觉得合适吗?"

小虎想了想:"是不太合适。"

爸爸接着说:"你刚才都说了尊重,尊重应该是相互的对不对?你们可以在客厅玩,我们尊重你了,但是你们是不是也应该尊重我们一下呢?"

小虎:"我知道啦,爸爸。"

小虎对弟弟说:"我们去别的地方玩吧,爸爸、妈妈在说话,我们不要打扰他们,我们小一点声知道了吗?"

小弟弟点了点,并且用小手做出了一个"嘘"的动作。

等到小虎走了之后,爸爸才站了起来。爸爸向妈妈耸了耸肩,坐下来继续聊天。

专家解读:

蹲下来和孩子进行平等的对话,是对孩子的一种尊重,当你蹲下来的时候,孩子内心的反抗情绪就会消失掉很多,当你心平气和地说话的时候,他们的内心瞬间就会融化,会听得进去你的意见,听得进你的道理,他们也就不会再和你对着干。你一个小小的动作能够避免一场"战争"。

案例中的小虎是一个叛逆小孩,我行我素,见了主人不打招呼,在爸爸、妈妈谈事情的时候大声叫嚷,相信大多数的父母在碰到这样的孩子的

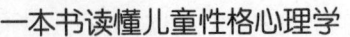

时候都会做出和小虎妈一样的反应，对孩子进行批评。爸爸则采用了与妈妈不同的教育方式，他蹲了下来和孩子说话，营造了一个平等的氛围，心平气和地说话，让孩子把心中的不满说出来，自己逐一对孩子的不满进行解答，最终达到了教育的目的，让小虎带着弟弟去别的地方玩了，而且还告诉弟弟要小声说话。看，这就是尊重的力量。

家长们经常会抱怨自己的孩子"不听话""不懂事"，将所有的责任都归结到孩子的身上。其实，孩子的叛逆并不全是孩子的责任，家长也有一定的责任。

当孩子有了自我意识之后，他们会对命令式的说话方式产生反感，时间久了就会出现各种各样的反抗情绪，而家长们并不知道孩子的这种心理，反而对孩子更加的严厉。孩子在这样的情况下就会越来越叛逆，专门和父母对着干。

其实，要想有一个明事理的孩子，家长们就要学会尊重孩子，就要学会蹲下来和孩子说话。因为蹲下来可以更好地了解到孩子的需求，可以给孩子平等的感觉。站在孩子的角度上，和孩子有一样的体会，可以更好地了解孩子的内心需求，能够更好地理解孩子，才能够知道孩子想要做什么，不想要做什么。

> **给家长的话**
>
> 和孩子做朋友不要总是停留在口头上，而是要付出实际行动。朋友之间是平等的，要想和孩子成为真正的朋友，就要给予他们足够多的尊重，经常蹲下来和他们说话，更好地了解他们的需求，更好地帮助他们解决问题。当你换一个角度去看待问题的时候，就会有新的发现，问题也会得到更好的解决。

别跟孩子较劲,关键时刻要适可而止

宝妈:我家孩子特别爱较劲,尤其是在公共场合,让他干什么的时候总是会和你对着干,继续说他的话,他就会大哭大闹,真的是让人很没面子,越是在外面,孩子就越不听话,对待这样的孩子真的不知道该怎么办。

当孩子不听话的时候,家长们在适当的时候应该停止自身的行为,尊重一下孩子的意见,如果孩子的反抗并不是很过分的话,家长们不要非和孩子死磕到底的。因为你越是制止,他就越会和你对着干,最后大哭大闹起来,会让父母非常尴尬。所以,家长们可以适当地给孩子一些面子,孩子也就不会那么倔强,不会让你处于尴尬的境地中。

寒假的时候,妈妈决定全家人一起出去旅游。第一次坐火车,波波非常兴奋。在排队检票的时候,就摇晃着小脑袋看队伍到了哪里,好像自己的心都已经飞到了火车上。到了波波,波波把手里的票递给了检票员,检票员看着眼前的小家伙,笑着说:"小家伙真可爱。"波波因为着急上火车,并没有理会检票员,抢过检票员手里的票就跑进了检票口。妈妈对检票员抱歉地笑了笑。

波波在前面不停地跑,妈妈在后面不停地追,妈妈一边追一边喊:"波波,你慢点跑,等等妈妈。"

好容易到了站台,波波终于停了下来,妈妈走到波波的身边说:"在这里等着吧,火车一会儿就来了。"过了一会儿,火车"呜呜"地来了,波波也学着火车发出声音,他发出"呜呜"的声音让等车的人都哈哈大笑起来。

上了火车,波波和妈妈一起坐到了座位上,因为是第一次坐火车,波波对火车上的一切都感到非常的新奇,尤其是在火车开动的时候,波波就更加的兴奋了。他大声对妈妈说:"妈妈,你看火车开起来了,外面的东西都在倒着走呢!"

妈妈:"是不是和我们平时坐汽车的感觉不一样啊?"

波波:"是啊,真的好神奇啊,而且感觉不到火车在动啊。我要去别的地方感受一下。"

波波从自己的座位下来,来到车厢的走廊上,在走廊上来回走动。火车上的人很多,来来回回地非常不方便,妈妈就让波波回来,可是波波不听妈妈的话,仍然走来走去。妈妈有些着急,就把波波抱了回来,波波在妈妈的怀里使劲乱蹬,还大喊大叫。波波的哭声吸引了大家的注意,大家都注视着这对母子,妈妈的脸瞬间就红了。

妈妈把波波放到了座位上,严厉地对波波说:"你老实坐在这里,不要在到处乱跑了好不好。"

波波仍然反抗:"我不要,我要下去,坏妈妈。"

妈妈:"火车上这么多人,你来回走动多不方便,人家都要给你让道,你不知道给人家带来多大麻烦。"

波波听不进去妈妈的话,仍然吵着要下去。波波的吵闹声再一次吸引了其他旅客的眼光,妈妈的脸就更红了。

专家解读:

孩子总是充满好奇。因为波波是第一次坐火车,所以他对火车上的一切东西都充满了好奇。而妈妈总是在制止他,不让孩子干这个,不让孩子干那个,这必然会引起孩子的反抗心理。如果波波的妈妈能够换一种方法,给波波讲述关于火车的各种知识,转移孩子的注意力,或者是和孩子一起去走廊里,和孩子一起感受行进中的火车,并且和孩子分享自己的感受，也许孩子的反应就不会那么强烈。在公共场所，如果孩子出现了不妥的行为，家长们不要只一味制止，而是要想办法转移孩子的注意力，或者是适当地对孩子进行妥协，和孩子一起探索新奇的世界。

很多家长会认为孩子就应该听自己的，所以就总和孩子较劲。有的孩子可能会屈服于父母的权威，什么事情都听父母的，但是他们会失去自我，会养成依赖父母的习惯，即使是孩子长大了，该自己做决定的时候他们也不会自己做决定，仍然是依赖父母，迷失了自我。而有的孩子则会一直和父母对着干，最后会影响亲子之间的感情。无论是哪种结果，都会给孩子和家长带来影响。因此，在面对孩子叛逆的时候，家长们要学会换一种方式，站在孩子的角度上，适当地做出妥协。

我们可以采用温和的态度和孩子进行对话，也可以采用商量的语气。如，天冷了，你想让孩子穿秋裤，如果孩子坚决不穿的话，你可以对孩子说："你看外面这么冷，我们穿上衣服好不好？不穿衣服会冻感冒的。"如果孩子坚决不穿的话，也不要发火，而是应该继续温和地说："你看看你的手多凉，穿上衣服吧，秋裤可以让你更暖和的。"相信很多孩子在家长这样的方式之下，一定不会拒绝的。如果孩子拒绝了，家长们就不要再和孩子较劲了，如果他冷的话，他自己就会穿上的，毕竟生病吃药打针是很难受的。

但是家长需要注意的是，不是所有的事情都要妥协的，如果孩子做出了超过底线的事情，家长们还是要坚持原则，不能让孩子养成坏习惯。

> **给家长的话**
>
> 教育孩子不一定非要让孩子听话，如果孩子做的不是很过分，可以适当地妥协，不要和孩子闹僵。家长们应该懂得和孩子建立一种轻松的关系。

看穿孩子骄傲背后掩藏的自卑

🎵 **宝妈**：我儿子今年四岁了，别看他年纪小，但是却非常高傲，别的小朋友总是凑在一起玩，他总是一个人待在一旁，露出不屑的表情。小孩子这么骄傲是一件好事吗？

家长们要懂得分析孩子骄傲背后的心理，大多数在骄傲背后隐藏的是自卑的心理。他们由于各种各样的原因，可能不能买和其他人一样的玩具或者是穿和其他人一样漂亮的衣服，或者是他们的个人能力不如别人的时候，他们的内心会感到非常自卑，但是好强的性格会让他们把这种自卑隐藏在心底，在表面上表现出一副不在乎的态度。因此，当孩子总是表现得很骄傲的时候，家长们应该学会看穿孩子骄傲背后隐藏的自卑。

小鹏今年6岁了，爸爸妈妈是从乡下到城里打工的普通工人，小鹏所在的班级大部分人都是城市的，他们的家庭条件比较好，常会带一些新奇的玩具到班里。小鹏虽然也很喜欢那些玩具，想要玩那些玩具，但却总是躲得远远的，表现出一副满不在乎的样子。

一天，班里的帅帅拿来了一款最新的变形金刚，瞬间就吸引了班里很多男生。他们围在一起，帅帅高兴地说："我们一起玩吧。"周围的小男生异口同声地发出了"好啊"的回答。当众人都玩得不亦乐乎的时候，只有小鹏一个人坐在座位上，帅帅也注意到了非常孤独的小鹏，他走了过去。

帅帅："你为什么一个人坐在这里呢？和我们一起玩那个变形金刚好不好？"

小鹏:"我不想玩。"

帅帅:"非常有意思,我们一起玩吧。"

小鹏:"一个变形金刚有什么好玩的,我家里有好多呢,我都玩不过来。"

帅帅:"这个是最新款,和其他的不一样。"

小鹏:"有什么不一样的,有什么稀罕的。"

帅帅:"可是……"

小鹏:"有什么好稀奇的,好像谁没见过似的。哼——"

帅帅被小鹏的这句话给气坏了,原本是好心邀请小鹏一起玩,没想到小鹏会这么说。这个时候刚好班主任进来了,看到帅帅不高兴,就问帅帅是怎么回事,帅帅向老师说明了情况。

老师对小鹏说:"小鹏,你喜欢那个变形金刚吗?"

小鹏:"我才不喜欢呢。"

老师:"你看,大家都在一起玩呢,你过去和大家一起玩好不好?"

小鹏:"我才不要呢。"说着就扭过了头,不再理会老师。

老师见小鹏这么倔强,只好先安慰了帅帅。

晚上放学的时候,妈妈来接小鹏,老师和妈妈说了今天发生的事情。妈妈对小鹏说:"你怎么不和同学一起玩呢,你怎么能辜负同学的一片心意呢?"

小鹏:"谁需要他的心意,我不喜欢那个变形金刚,我不想玩怎么了。"说着就生气地走了,尽管妈妈在后面一直喊,可是小鹏仍然头也不回地走。

专家解读：

其实，小鹏也喜欢那个变形金刚，也很想和同学们一起玩。但是却很要面子，当帅帅过来邀请他一起玩的时候，他觉得帅帅是在炫耀，从而摆出了非常骄傲的姿态，说什么也不去和同学们一起玩，还用骄傲的语气回击了帅帅。其实，帅帅只是单纯想要和同学们分享自己的玩具，并没有炫耀的意思。

实际上，在这种骄傲背后隐藏的是孩子的自卑心理。因为普通的家庭条件，不能够拥有那么昂贵的玩具，当他人拥有时，而自己不能拥有的时候，他的心里就会产生自卑。但是，他又是非常好面子的人，不想将这种自卑、羡慕的心理表现出来，就用骄傲的姿态将其隐藏起来。

这样的孩子内心大都比较敏感的，他们会更加在意别人的看法，还有一点虚荣。当他们某方面不如别人的时候，虽然心里面很羡慕，但是他们却表现得满不在乎，摆出一种"这有什么了不起的态度"。其实，在他们高傲的外表下，隐藏的是深深的自卑。

作为家长，如果察觉出自己的孩子的骄傲是故意装出来的，要在保护孩子自尊的前提下，对孩子进行正确的引导。要让孩子正确地看待别人所拥有的、所能够做到的，不要以一颗嫉妒的心去看待别人所拥有的。引导孩子发挥自己的长处和能力，获得属于自己的成功，减少孩子内心的自卑感，让孩子的内心真正强大起来。

给家长的话

作为家长一定要知道孩子的这种坚强是不是发自内心的，如果他们的坚强是装出来的，我们就要去理解他们，帮助他们赶走内心的自卑，建立起强大的内心。

孩子夸张的行为，只因想引起大人的注意

♪ **宝妈**：我家儿子十分淘气，总是会做出一些让人意想不到的举动，尤其是在外人面前，经常让客人非常尴尬，和他说过很多次了，在外人的面前老实一点，矜持一点，可他就是不听，总是做出夸张的举动。在外人的面前又不能严厉地教育他，面对这样的小孩真不知道该如何是好。

家里来客人的时候，家长们总是把心思放在客人身上，这个时候可能就会忽略掉孩子，虽然家长们并不是有意为之，但是当孩子受到忽视的时候，他们的心里是非常不好受的，会觉得父母不爱他们了。这在孩子的眼里是一件很严重的事情。因此，他们就会通过各种办法来证明自己的存在，来寻找存在感，来吸引父母的注意。当试过一些小的动作没有任何效果的时候，他们就会尝试用各种夸张的行为来吸引父母的注意。其实在夸张的行为背后隐藏的是想要获得关注的心理。

星期天的早上,爸爸和思宇刚要出门去海洋世界,这个时候爸爸的手机响了。爸爸接过电话之后,就非常抱歉地对思宇说:"思宇,爸爸上午不能和你去海洋世界看海豹表演了。"

思宇非常难过地说:"为什么啊,爸爸不是答应得好好的吗?"

爸爸:"刚才爸爸的同事来电话,要和爸爸讨论一下工作上的事情,他一会儿就到,我们等下午再去好不好?"

思宇很不高兴,刚刚还兴高采烈的脸马上就沉了下来,他撅着小嘴说:"那爸爸下午一定要陪我去。"

爸爸:"爸爸答应你,下午一定去。"

思宇:"那我们拉钩。"

爸爸就走了过来和思宇拉钩,这时门铃响了,爸爸的同事小王来了。

小王进门之后,爸爸对思宇说:"这是王叔叔,和叔叔打个招呼。"

思宇很小声地叫了一声"叔叔",就跑到了自己的房间。爸爸和小王也去书房讨论工作上的事情了。

在房间里玩了一会儿,思宇觉得无聊,就跑到了客厅里看电视。妈妈忙着准备午饭,没人搭理思宇。这个时候,思宇突然大声喊了起来:"妈妈,我饿了,饭好了没有啊?"

妈妈被思宇这一喊,吓了一大跳,她马上走过来对思宇说:"你小点声,爸爸正在工作呢,你不要吵到爸爸了。饭马上就好了,你乖乖地看会儿电视好不好?"

思宇仍然很大声地回了一句:"我知道了,妈妈你快点做,我的肚子好饿。"

由于自己的喊叫引起了妈妈的注意,让思宇很有成就感,于是他就开始制造出各种声音。一会儿把电视的声音调到最大,一会儿又拿出自己的故事机放音乐,每次他弄出声音的时候,妈妈都赶紧过来阻止他,以免影响爸爸工作。思宇乐在其中,妈妈越是阻止,他玩得越欢腾。妈妈非常无奈,只好让他去自己的房间里玩。

可是,在房间里的思宇并没有安分下来,他看到了自己的电动小汽车,于是就坐到了上面,开着汽车满屋子跑,嘴里还发出汽车发动的声音,刚刚安静下来的屋子瞬间就又热闹了起来。这次妈妈忙着在厨房里做饭,没顾得上阻止。思宇就像一匹小野马一样,满屋子乱窜,突然一个不小心撞到了书房的门,爸爸和同事被这突如其来的撞门声给吓到了,爸爸赶紧走出来对思宇说:"思宇,你去别的地方玩,爸爸正在工作呢,你不要打扰爸爸了。"

思宇:"爸爸,都这么长时间了,你还没有工作完吗?你先陪我玩一会儿好不好?"

爸爸:"等爸爸忙完工作,忙完工作就陪你玩,你先自己玩一会儿。不要再过来了,听见没有。"说着就关上了房门。

思宇只好失望地离开了,自己一个人走到房间里,很无聊地拿出了自己的画册开始画画,很快他就画完了一幅画。画完之后,他想让爸爸看,于是就拿着画想要去书房让爸爸看。

思宇小声地在外面说:"爸爸,我画了一幅画,你出来看看好不好?"

爸爸:"爸爸不是和你说过了吗,爸爸工作完了自然会出去的,你在外面等一会儿,爸爸一会儿就出去好不好?"

思宇又一次被爸爸拒绝了,于是他就做出了一个让所有人都感到惊讶的举动,他用脚把门踹开了。当门开的那一刻,爸爸和同事都惊了,爸爸生气地说:"你这个孩子怎么这么不懂事呢?怎么能用脚踹门呢?你怎么这么没有礼貌呢,赶快出去,爸爸和王叔叔还要工作。"

思宇仍然很倔强地站在那里,撅着小嘴说:"我不出去,爸爸不看我的画我就不出去。"

这个时候,妈妈赶忙跑过来将思宇抱走,在妈妈怀里的思宇一边挣扎一边喊:"我要爸爸陪我玩,我要爸爸陪我玩。"

专家解读:

很多家长都会碰到思宇父母这样的状况,当自己忙于工作或者是家里来人的时候,孩子总是会做出各种各样夸张的行为。就像案例中思宇的爸爸,他正在忙着和同事讨论工作,思宇三番五次来打扰他们,影响他的工

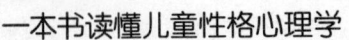

作进程。

　　但是，思宇之所以总是去打扰爸爸也是有原因的，因为爸爸已经答应思宇要和他去看海豹表演，因为爸爸临时要工作所以给耽误了。这让思宇有了很大的心理落差，非常不高兴，即使有爸爸的安抚，但仍然不是很高兴。在这之后，大人们都去忙自己的事情，没有人搭理思宇，这让他感觉到更加的孤单，产生了一种不被重视的感觉，于是他就想办法做出各种行为来引起大人们的注意。他大喊一声成功地吸引了妈妈的注意，在获得成就感之后，就做出了更加夸张的行为，最终成功地吸引了父母的注意，但也把爸爸惹生气了。

　　有的时候，孩子在人多的情况下做出这种"人来疯"的行为确实让家长很头疼。但是又很无奈，因为当着客人的面子批评孩子不仅会伤到孩子的自尊心，而且对于客人来说也是不礼貌的一种行为。

　　孩子之所以做出夸张的行为，他们只是想要引起父母的注意，想要获得关注。对于孩子来说，随着他们自我意识的增强，他们想要表现的心理也就会越来越强。在这种情况下，当他们被忽略的时候，他们就会想办法让自己受到关注，又因为年龄的限制，他们不懂得如何更好地获得关注，所有就会用自己的方式去获得关注，而他们的方式往往是成人所不能够接受的。

　　但是，一味地指责孩子是不能够达到任何效果的，家长们可以换一种温和的态度去解决问题，如让孩子自己先玩一会儿，可以让孩子唱歌、跳舞表现一下自己，等他们表现完了再对他们进行一番表扬，孩子受到表扬之后，通常情况下，便能够安静下来。这样比对孩子大吼大叫能够起到更好的作用。

> **给家长的话**
>
> 　　家长们多关注一下自己的孩子，是十分重要的。家长们不要总是找各种理由忽略掉对孩子的关注，如果家长们总是这样的话，就不要怪你的孩子成为"人来疯"了。

第六章
告别坏性格，培养好性格

良好的性格对于孩子的成长至关重要，每个孩子都是独立的个体，每个孩子都会有不同的个性。有的孩子忧郁，有的孩子暴躁，有的孩子感情细腻。家长们要用适当的方法进行引导，给孩子做好表率，让孩子在爱和关注的引导下塑造良好的性格。

忧郁，"人家就是高兴不起来嘛"

🎵 **宝妈**：别人家的孩子每天都是高高兴兴的，可是我家的孩子却每天都是郁郁寡欢的，总是很不开心，在他的脸上很少看到笑容。每天都好像有很多愁事似的。孩子这样下去会不会得抑郁症呢？

孩子出现这种情况家长是不用太过担心的，因为每个孩子的个性都是不一样的，有的孩子天生开朗，他们大大咧咧，无忧无虑的。有的孩子则比较内向，他们的感情细腻，想法也比较多，很多想法都积压在心里，自然会表现得不高兴的样子。

鹏鹏是一个内向的小男孩，他内心有很多的想法，因此，当很多小朋友都开开心心地玩游戏的时候，他总是在一旁担心这个担心那个，越想越害怕，也就越想越不开心。很少能看到他脸上有笑容，看起来总是很忧郁。

下课的时候，小朋友们都开开心心地在一起玩游戏，可是唯独鹏鹏一个人坐在那里，看着窗外的同学们嬉戏玩耍。老师看到鹏鹏一个人坐在那里，就走过来。

老师："鹏鹏，你为什么一个人坐在这里，怎么不和同学们一起玩呢？"

鹏鹏："我想一个人待着。"

老师："你看他们玩得多高兴啊，你出去和他们一起玩吧。"

鹏鹏："有什么开心的啊，上了一节课本来就很累了，还不如坐在这里好好休息一下呢。"

老师:"去外面放松一下也是好的啊,去和同学们一起做游戏吧。"

鹏鹏:"做游戏多危险啊,你看他们很高兴,等到他们摔跤的时候他们就不高兴了。"

老师:"摔跤也是很正常的呀,而且也不一定做游戏就会摔跤啊,鹏鹏你想得太多了。"

鹏鹏:"可是我看到很多小朋友都因为做游戏把自己弄伤,看着他们的伤口真的很疼,我怕疼。"

老师:"你不做剧烈的运动,不做危险的动作是不容易受伤的,什么事情都应该尝试一下不是吗?这样你才能够获得更多的快乐啊,多尝试一下嘛,多和同学们做游戏,你会收获很多的。"

鹏鹏一直盯着老师,似懂非懂地听着,这时上课的铃声响了,在教室外面玩游戏的同学也都回来上课了。老师对鹏鹏说:"我们要上课了,什么事情都要尝试一下,不要想太多啦。"说完就开始上课了。

这节课鹏鹏尽力让自己认真听课,可大脑里总是在想老师说的话,和同学们一起做游戏真的那么开心吗,我课间要不要去尝试一下呢?在鹏鹏的思绪中,下课的铃声响起来了。同学们又都蹦蹦跳跳地出去玩了,鹏鹏仍然坐在位置上犹豫不决。这个时候老师走过来了。

老师:"怎么,还要在这里坐十分钟吗?"

鹏鹏没有说话,老师接着说:"这样吧,老师带你出去和同学们一起

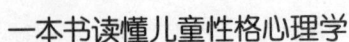

玩游戏吧。"说着就拉着鹏鹏的手往外走，鹏鹏没有拒绝老师，跟着老师走到了外面。

老师来到教室外面，叫了几个同学过来。

老师："我们来玩老鹰捉小鸡的游戏好不好？"

同学们异口同声地回答："好。"

老师："我来当老鹰，谁来当鸡妈妈呢？"

同学们都争着举手想要当鸡妈妈，这个时候老师看着站在一旁的鹏鹏，说："我们来让鹏鹏当鸡妈妈好不好？"

"好。"同学们高声回答，并且都鼓起了掌。

虽然同学们都很欢迎鹏鹏，但是鹏鹏仍然很犹豫，老师就又让同学们鼓起了掌，老师用鼓励的眼神看着鹏鹏。在众人的鼓励之下，鹏鹏终于勇敢做起了鸡妈妈。

鹏鹏站在前面，同学们自动站在鹏鹏的身后，当起了小鸡。刚开始的时候鹏鹏还放不开，可是几轮游戏下来之后也渐渐融入到了游戏当中，开始奋力保护自己的"鸡宝宝"，鹏鹏带着"鸡宝宝"们都取得了几次胜利，他的脸上露出了难得的笑容。

开心的时光总是短暂的，很快上课的铃声又响了，同学们都意犹未尽地走进教室。

专家解读：

鹏鹏之所以不想出去玩游戏，是因为他害怕做游戏受伤，只能说鹏鹏的想法是非常多的。喜欢做游戏应该是小孩子的天性，鹏鹏因为总是顾虑太多，所以失去了小孩子应该享受的快乐。

鹏鹏的老师在看到鹏鹏一个人坐在那里的时候，主动来开导鹏鹏，带领他和同学们一起做游戏，虽然鹏鹏刚开始是拒绝的，但在老师和同学们的鼓励下，最终放下了心中的顾虑，和同学们开心地做起了游戏。在游戏的过程中，鹏鹏没有受到任何的伤害，而是体会到了游戏胜利所带来的乐趣。因此，当孩子总是郁郁寡欢的时候，当他们害怕周围事物的时候，家长们要多开导他们，帮助他们克服心中的恐惧，帮助他们体会其他人和事带来的快乐。

性格内向的孩子羞涩、胆小，他们不敢去尝试新的事情，他们的内心会有太多的想法，他们总是有太多的担心。这样的性格让他们会表现得不开心，会比同龄人更加的"成熟"。其实，他们的内心也是想要和小朋友们一起玩的，他们也想要开心起来，可是却总是不敢迈出第一步。在这个时候，如果家长们能够帮助孩子走出第一步，就像故事中的老师一样，对孩子有一个耐心的指导，不断地鼓励孩子，让孩子体会到快乐。除此，家长们在平时的时候应该多和孩子沟通，多和孩子交流，和孩子做朋友，及时帮助孩子解决问题，多带孩子出去，开阔孩子的视野，让孩子变得开朗起来。

> **给家长的话**
>
> 虽然每个人的天性都不相同，但是小孩子的性格并没有成型，家长们仍然是可以通过后天的努力去改变孩子的不良性格。

易怒，"一言不合就暴跳如雷"

🎵 **宝妈**：我家孩子的性子太急了，只要别人说了他不愿听的话，他就会暴跳如雷，因为他这样的性格很多小朋友都不愿意和他玩，他也是经常一个人待着，有时候看着他一个人坐在那里，觉得他十分可怜，我们应该怎样帮助他呢？

孩子性格急躁，主要是由于没有耐心，受到年龄、发育水平的限制，不能够很好地控制自己的情绪。这也和家长们平时的教育有关系。因此，家长们在对孩子进行教育的过程中，最好是能够保持耐心，凡事都不要着急，慢慢改变孩子的急脾气。

豪豪的父母都是急脾气，每当孩子犯错的时候，他们就会对豪豪采用大喊大叫式的批评。受父母的影响，豪豪也养成了这样的坏脾气。

放暑假的时候，妈妈因为忙于工作，就把他送到了乡下的姥姥家去住，乡下的生活拥有着别样的乐趣，豪豪在这里和小朋友一起在没有车辆的马路上跑来跑去，在田地里追蝴蝶，追蜻蜓，在清澈的小溪里尽情地嬉戏。刚开始的时候，豪豪和小朋友总是能够开心地玩在一起，可是没过多久，这种和谐的画面被豪豪给破坏了。

这一天，豪豪的妈妈来看豪豪，给豪豪带来了很多零食，也给豪豪带来了新的玩具，豪豪非常开心。这个时候邻居家的小妹妹来找豪豪玩。小妹妹没有见过这么多的零食和新鲜的玩具。当她看到豪豪的遥控飞机飞来飞去的时候，非常好奇，就小声地对豪豪说："哥哥，能借我玩一会儿你的飞机吗？"

豪豪："我还没有玩够呢，你想玩飞机的话，就去屋里帮我拿一瓶水吧。"

小妹妹乖乖地跑到屋里给豪豪拿了一瓶水，然后用期待的眼神看着豪豪，可是豪豪并没有让她玩，这个时候小妹妹着急了，对豪豪说："哥哥，你让我玩一下吧。"

豪豪："我才不借你玩，你要是玩坏了怎么办？"

小妹妹:"可是刚才哥哥说我帮你拿水,你就借我玩,哥哥说话不算数,哥哥说话不算数。"

豪豪被小妹妹惹怒了,他大声对小妹妹说:"你闹什么啊,这个是我的玩具,我借你玩就借你玩,不借你就是不借你。"

小妹妹很想玩玩具,就过来抢豪豪手中的遥控器,豪豪更加生气了,他说:"我说了不借你就是不借你,你怎么这么烦人呢?"说着就推开了小妹妹,小妹妹一下子坐在了地上,可能是被吓到了,也可能是由于摔疼了,小妹妹哭得很厉害。

妈妈和姥姥听到小妹妹的哭声就赶来了,姥姥赶紧将小妹妹扶起来,妈妈见到豪豪若无其事地玩着飞机,非常生气。

妈妈大声地对豪豪说:"豪豪,你干什么了啊?"

豪豪:"她刚才抢我的飞机。"

妈妈:"她抢你的飞机你也不能推小妹妹啊。快给小妹妹道歉?"

豪豪理直气壮地说:"我为什么要道歉啊,是她抢我的飞机,我就轻轻推了她一下,是她自己不小心摔倒在地上的,和我有什么关系啊?"

小妹妹委屈地说:"刚才哥哥说让我帮他拿水,他就把飞机借我玩,我给他拿水了,他却不借我玩了,哥哥说话不算数。"

豪豪:"谁让你那么傻呢,让你干什么你就干什么啊。"

妈妈听到豪豪这么说就更加生气了,接着喊道:"小妹妹那么小你怎么能欺骗她呢?赶紧把你的飞机借妹妹玩一会儿。"

豪豪:"我不要,我就是不要。"

妈妈:"你这个孩子真气人,赶紧拿来。"说着就抢过了飞机,把飞机递给了小妹妹,小妹妹拿到飞机之后,破涕为笑,高兴地玩了起来。

豪豪生气地说:"妈妈是坏人,我是你的儿子,你还向着外人,我再也不理你了,哼。"说着就跑到了房间里一个人待着去了。

姥姥见外孙生气了,就想要过去哄外孙,被妈妈给拦住了,妈妈生气地说:"这个孩子太气人了,不用管他。"

专家解读：

豪豪的确是一个急脾气的小家伙，在面对小妹妹的哭闹时，他并没有展现出一个大哥哥的风度，而是对小妹妹大声叫喊，可以看出豪豪的性格很急躁，也很自我。孩子是父母的缩影，我们从豪豪的身上也看到了豪豪父母的影子。

当豪豪将小妹妹推倒的时候，妈妈在教育豪豪的时候也是采用了大声批评的教育方式，她没有询问事情的经过，而是上来就是对豪豪进行了批评，没有表现出足够的耐心。当豪豪不愿意借给小妹妹飞机的时候，妈妈采用了强硬的方式将飞机夺过来，这一系列的行为都刺激了豪豪的逆反心理，使他变得更加愤怒，最终一个人跑掉了。其实，豪豪的性格和父母的教育方式是有很大关系的，他的父母没有对他表现出足够的耐心，没有对他好好说话，他也就会以同样的方式去对待别人，而且在父母批评自己的时候，也不会从内心认识到自己的错误，结果将会越来越严重。

心理学研究表明，儿童容易暴躁的主要原因是受家庭的影响。这样的孩子通常都是比较浮躁的，稍微有一点不如意就会大喊大叫，有的时候还会咬人、打人。这样的孩子很自我，不懂得和别人分享自己的东西，还会耍一些小聪明去达到自己的目的。他们容易冲动，有很强的报复心理。这样的心理状态是一个不健康的心理状态，需要家长们的重视。家长应该尽量让自己的孩子柔软一点，那么家长们应该如何做呢？

家长们应该营造一个和谐的家庭氛围，夫妻之间尽量少吵架，在面对孩子的时候，家长们也不要像案例中豪豪的妈妈一样，上来就对孩子大喊大叫，应该让自己有一个温和的态度，问清楚事情的经过，然后再对孩子进行引导，让孩子认识到自己的错误，而不是采用暴力的方式。家长们还要注意的是坚持自己的底线，不要轻易答应孩子的不合理的要求。

> **给家长的话**
>
> 培养孩子良好的性格,就要从孩子小时候做起,也从家长自身做起。

敏感,"我容不得半点批评"

♪ **宝妈**:我家孩子十分敏感,别人只是稍微说了他一句,他就会非常伤心,偷偷流眼泪,就好像他受不得半点批评似的。小朋友和他在一起玩的时候,总是小心翼翼,害怕哪句话说不对了,就会惹哭他。孩子这么敏感可怎么办才好呢?

敏感的孩子内心大都比较脆弱,他们非常要面子,有的时候自己做错了,他们自己也知道自己错了,但是他们不想要别人说出来,这样会让他们觉得十分的羞愧,没面子。

楚楚生活在一个大家庭里,逢年过节的时候全家人聚在一起非常热闹。叔叔家和姑姑家的孩子都非常开朗,每次家庭聚会的时候,他们都能够开心地玩在一起。而比较内向的楚楚则显得比较安静,她总是一个人静静地坐在角落里,看着其他人高兴地玩在一起。家里人都很想让楚楚融入热闹的家庭氛围中,可是在试了几次之后,家人就放弃了,原因就是楚楚太敏感了,经常因为家人说几句话就哭了起来。

中秋节的时候,爸爸和妈妈带着楚楚在爷爷家过节,姑姑一家和叔叔一家也回来了。爸爸、妈妈刚进门的时候,姑姑家的姐姐就跑了过来,热情地和楚楚的爸爸妈妈打招呼，大声说："舅舅、舅妈好。"爸爸、妈妈连声回答："好，好，好。"

这个时候姑姑和叔叔也都出来迎接楚楚一家，爸爸、妈妈推了推愣在一旁的楚楚，示意她跟姑姑和叔叔打招呼，楚楚站在那里半天，才小声地说了一句："姑姑好，叔叔好。"声音非常小，叔叔半开玩笑地说："楚楚，早上是不是没有吃饭啊，你说的什么叔叔都没有听见啊。"虽然叔叔是笑着说的，可是楚楚的脸立马就红了，她害羞地躲在了妈妈的身后，妈妈说："叔叔没有听见，楚楚再说一声好不好？"楚楚躲在妈妈的身后不肯出来。姑姑和叔叔没有再说什么，和爸爸、妈妈一起走进了客厅。

楚楚和爷爷、奶奶待了一会儿，就一个人跑到书房里看起了漫画书，这个时候妈妈叫楚楚："楚楚，你也出来和哥哥、姐姐们一起玩一会儿好不好？"

楚楚："妈妈，我想一个人待一会儿。"

一会儿，楚楚出来上厕所，姑姑把楚楚叫了过来："楚楚，坐到姑姑这里来。"

楚楚坐到了姑姑的旁边，姑姑笑着对楚楚说："楚楚，你看姑姑和叔叔都要好久才回来一趟，你是不是应该和姑姑还有叔叔多待一会儿呢？而且哥哥、姐姐都在一起玩，你和他们一起去玩啊，一家人你怕什么啊。"楚楚点了点头。

姑姑接着说："姑姑是最不喜欢不爱说话的小姑娘了。"听到姑姑这么说之后，楚楚突然哭了起来，姑姑很惊讶，赶忙问楚楚："楚楚，你怎么哭了？"

楚楚委屈地说："姑姑不喜欢我了，姑姑不喜欢我了。"

姑姑赶忙说："姑姑不是不喜欢楚楚，姑姑只是想告诉楚楚要开朗一点，姑姑好久都没有见到楚楚了，想和楚楚多待一会儿，想和楚楚说说话呢。"

楚楚含着泪水说："那姑姑还喜欢我吗？"

姑姑点了点头："我当然喜欢楚楚了，楚楚这么可爱的小姑娘谁会不喜欢呢？"

听到姑姑这么说，楚楚挂着眼泪的脸上才露出了笑容。

专家解读：

楚楚是一个非常内向的小姑娘，即使在家人面前，她也同样不敢说话，不敢和哥哥、姐姐一起玩。同时她也是一个非常敏感的孩子，当姑姑说不喜欢不爱说话的小姑娘的时候，她马上就想到了姑姑不喜欢她，进而伤心地大哭了起来。

姑姑当着家人的面说楚楚，让楚楚很没有面子，这也是她大哭的原因之一。对于敏感的人来说，如果在众人面前受到了批评，他们会自责、会恐惧、会害怕，这些复杂的情绪交织在一起，最终只能用哭来发泄。

敏感的人情感都比较细腻，比较注意细节，如果别人的表情和语气产生了变化，他们就会联想到自己，经常会因为别人无意间的一句话或者是一个眼神而让自己的心情变得非常差，他们心里会想是不是自己哪里做得不好，他们是不是不喜欢自己了。敏感的孩子很要面子，他们受不了别人的批评和指责，有的时候他们犯了错误，他们自己能够认识到错误，他们宁愿自己悄悄地改正，也不愿意别人指出来。

敏感的人很在意别人的看法，他们会因为别人的想法而变得失去自信，他们经常会为了避免批评而做出迎合大众的举动。但是敏感的人也有一个优点，那就是他们不愿意接受批评，就会努力让自己变得更加完美，因为也就会更加努力，更加上进。

家长在面对敏感型的孩子的时候，最好是少说多做，如果孩子犯错了，如果能意识到自己的错误，并且进行了改正，家长们就不需要再多说什么了，减少不必要的批评。尽量不要在公众场合批评孩子，保护孩子的自尊心，保留孩子的面子。在敏感型的孩子面前，尽量降低自己说话的音调，改变说话的语气。同时，还可以让孩子参加一些具有挫折性的教育，让孩子学会正确地面对挫折，正确地面对别人的批评，让孩子拥有一颗强大的内心。

> **给家长的话**
>
> 敏感的孩子内心比较脆弱，经受不住严厉的批评，但另一方面他们的内心也很细腻，他们能够察觉到别人的情绪，同时他们也能够察觉到自己的错误。因此，他们也会非常小心，非常的努力。家长们要试着放慢脚步，放下对孩子过高的期望，让其顺其自然地发展。

任性，"我偏要这样"

♪ **宝妈**：我家孩子特别任性，什么事情都要按照他的想法来，如果不按照他的想法来，他就会哭闹，要是不哄他的话，他能把房子都"拆"了，家里有这样的一个"小霸王"可怎么办啊？

当孩子有了自我意识之后，出现任性是很正常的，但是家长不能纵容孩子，如果孩子过分的话，家长们就要采取措施进行制止。

嘉嘉是家里的独生子，全家人都非常宠爱嘉嘉，对嘉嘉的任何行为，家人都是百依百顺的。家人的溺爱也让嘉嘉变得非常任性，什么事情都要顺着他，如果不顺着他的话，他就会闹得天翻地覆。

平日的时候，嘉嘉都是由姥姥、姥爷照顾，但是，姥爷在一次户外活动中不小心受伤需要住院，嘉嘉没有人照顾，爸爸就把嘉嘉的爷爷、奶奶接过来照顾嘉嘉。爷爷喜欢嘉嘉，但是他不会惯着嘉嘉，尤其是在对待嘉嘉任性的毛病上，爷爷更是一点儿也不心软，经过爷爷的坚持和全家人的配合，终于改掉了嘉嘉任性的毛病。

一天晚上，嘉嘉正坐在沙发上津津有味地看着动画片，爸爸坐在一旁玩电脑游戏，爷爷走了过来。

爷爷："嘉嘉，你都看了这么长时间的动画片了，能不能让爷爷看一会儿战争片啊。"

嘉嘉并没有理会爷爷，仍然专心致志地看着电视。

爷爷见嘉嘉没有理会自己就接着说："昨天爷爷就没有看到电视剧，你说你看动画片爷爷把电视让给你了，今天是不是该让爷爷看了？"

嘉嘉仍然不理会爷爷。

爷爷接着说："嘉嘉，爷爷拜托你好不好？"

嘉嘉不耐烦地说："哼，我说了不让你看就是不让你看。"

爷爷虽然很生气，但是并没有发脾气，他看到了嘉嘉手里的遥控器，一边抢遥控器一边对嘉嘉说："谢谢你啊。"拿过遥控器之后就调换了电视频道。

遥控器被爷爷抢走了，嘉嘉看不了动画片，非常的生气，撅着小嘴说："你把遥控器给我，你把遥控器给我。"

爷爷没有把遥控器给嘉嘉，嘉嘉就开始和爷爷抢遥控器，爷爷一边躲着嘉嘉，一边笑着对嘉嘉说："爷爷和你说，为什么要看战争片呢，就是要让我们学会忆苦思甜，我们今天的幸福生活是以前的先辈用鲜血和生命换回来的，我们应该珍惜今天的幸福生活你知道吗？"

嘉嘉哪里还听得进去这些，他的眼里只有遥控器和动画片，他仍然在不停地和爷爷抢遥控器。爷爷并没有妥协也没有发火，仍然不紧不慢地对嘉嘉说："嘉嘉，你听爷爷说，爷爷是长辈，你要懂得尊重长辈知道吗？"嘉嘉根本就听不进去这些，他一心只想看电视，一边大喊"这是我的，这是我的"一边和爷爷抢遥控器。但是爷爷仍然温和地拒绝。

嘉嘉见抢不过爷爷，就对一旁的爸爸说："爸爸，你爸爸在抢我的遥控器，你快管一下，他讨厌。"

爸爸看了一眼爷爷，爷爷给他使了一个眼色，爸爸又转向了嘉嘉。爸爸严肃地对嘉嘉说："嘉嘉，那个是你爷爷，你怎么能这么对爷爷说话呢，他是我爸爸，你知道吗，让爷爷看。"

虽然爸爸很严厉，但是嘉嘉并不害怕，理直气壮地说："你爸爸在抢你儿子的遥控器，你不应该管一下吗？到底是你儿子重要还是你爸爸重要？"

爸爸："都重要。"

嘉嘉："必须选一个。"

爸爸："都重要，我说了都重要。"

嘉嘉见爸爸没有任何举动，就开始大喊："妈妈，妈妈。"

妈妈听到嘉嘉的叫声赶紧从房间里出来，一边跑一边问："怎么了？怎么了？"

嘉嘉见到妈妈撒娇地说："妈妈，爸爸和他爸爸联合起来欺负我，他们不让我看动画片。"

妈妈对嘉嘉说："不看动画片就不看呗，走，妈妈带你到里屋去看。"说着就拉起了嘉嘉的手。

嘉嘉挣脱了妈妈的手，躺在沙发上打起滚，一边打滚一边说："妈妈，这里是我的家，这个电视机是我的，遥控器也是我的，我就要在这里看，你让这个老头离开这里。"

妈妈听到嘉嘉这么说，生气地说："嘉嘉，你太过分了，他是你爷爷，你怎么能叫'老头'呢。"

爸爸也在一旁说:"你这个孩子怎么回事呢,越来越没规矩了。"

嘉嘉见所有人都不帮自己说话,非常生气,踢翻了沙发上的靠枕,一边往卧室里跑一边喊:"你们都是坏人。"说着就跑到了卧室里,使劲地关上了房门。

嘉嘉来到房间之后,生气地坐在床上,心里想:电视从来都是我的,不是坏老头的,我是大家的心肝宝贝,我要是不高兴了,你们都甭想开心,哼。一会儿肯定会有人来哄我的,来和我道歉的。于是他就躺在了床上,等着有人来哄他,但是他等了好长时间,房门外面也没有动静。他悄悄地打开房门,看到房门外面一切平静,奶奶在做饭,爸爸妈妈和爷爷正在开心地看着电视,似乎没有人在乎生气的自己。这个时候嘉嘉就更加生气了,他又使劲地关上了房门,开始使劲踹房门,踹完门又开始摔东西,弄出了很大的动静。

奶奶听到动静,赶紧跑过来对爷爷说:"要不我去看一眼吧,他会不会伤到自己。"

爷爷不紧不慢地说:"放心,小孩子耍脾气是正常的,他这是在和我们挑战,我们一定要有耐心,过一会儿他就不闹了。"

嘉嘉见仍然没有人进来,就摔得更加起劲了,门外爷爷正在安抚着急的妈妈和奶奶,劝她们要冷静,坚持住。

过了一会儿,奶奶把饭做好了,妈妈就去叫嘉嘉吃饭,嘉嘉刚才闹得很厉害,也饿了,但是为了和家人置气,并没有理会妈妈。

爷爷就让全家人坐在一起吃饭,不去理会他,并且把一碗香喷喷的红烧肉放到了门口,让香味飘到屋子里,躺在床上的嘉嘉虽然很生气,但是咕咕叫的肚子是抵挡不住美食的诱惑的。于是,他走出了房门,向爷爷道歉,爷爷原谅了嘉嘉,嘉嘉就迫不及待地吃了起来。

专家解读:

嘉嘉因为家人的溺爱,变得非常任性,他想要干的事情就一定要干成,在爷爷来之前,没有人挑战过他的"权威"。当爷爷向他挑战的时候,当家里人都站在爷爷这一边的时候,他有了很大的心理落差,就开始大闹,想要用这种方式来达到自己的目的。而在这之前,他只要一生气,全家人就都得哄着他。

可是,爷爷并没有让妈妈去哄他,而是采用了"冷处理"的方式,让嘉嘉自己去认识自己的错误。在整个过程中,虽然嘉嘉非常任性,也做出了很多不当的行为,但是爷爷都没有发火,而是非常冷静,总是笑呵呵地在处理事情,并没有和嘉嘉产生正面冲突。爷爷的心里肯定也是很不好受的,但是为了更好地教育孩子,达到更好的教育目的,爷爷真的是用心良苦。

由于家人的娇惯,有些孩子会比较任性,他们想干什么就干什么,如果家人不同意的话,他们就会大哭大闹,家人们经常会在这样的情况下妥协。在一次一次地纵容之下,孩子就变得越来越过分。所以,家长们千万不要过分地溺爱孩子。

家长们在教育孩子的过程中,要让孩子学会懂得和别人分享,要让孩子意识到其他人的存在。当孩子出现反抗情绪的时候,也不要轻易地妥协,要让孩子知道他不是家里的中心,他生气了其他人一样可以很开心,一样可以做自己的事情。这样他们就会改变自己任性、自私的毛病。

给家长的话

父母都是爱自己的孩子的,但是家长们应该学会如何正确地去爱孩子,不要因为爱孩子就让孩子变得肆无忌惮,在保护孩子自我意识的前提下,不要让孩子变得自私和任性。放任孩子,不是在爱孩子,而是在阻碍孩子的成长和进步。

独立，让孩子懂得自尊自爱

🎵**宝妈**：我家孩子依赖性太强，不独立，自己的事情总是依赖别人去做，如果孩子总是依赖别人，会不会影响到孩子的成长呢，会不会给孩子造成很大的影响呢？

孩子如果学不会独立，事事都依赖别人，就会失去别人的尊重。一个什么事情都要依赖别人去做的人是很难获得他人尊重的，家长可以无怨无悔地帮着自己的孩子做事情，但并不是所有的人都能够这样做，如果孩子喜欢依赖别人的话，久而久之就会变得没有责任心。所以，家长一定要让自己的孩子学会独立，让他们学会承担责任，他们就会获得别人的尊重，当他们变得独立的时候，他们就会变得更加自信，也会懂得自尊自爱的。

一天傍晚，念瑶正在和邻居家的小姑娘玩踢毽子，一不小心把毽子踢到了草丛里，她们在找毽子的时候看到草丛一动一动的，就好像有什么东西在里面似的，邻居家的小姑娘很胆小，哆哆嗦嗦地站在那里不敢动，胆大的念瑶一把拨开草丛，看到一只流浪狗正趴在那里，它的腿受伤了，正挣扎着想要站起来，念瑶看到这只狗非常的可怜，决定把它抱回家。

念瑶回到家里，妈妈看到她手里抱着一只狗，吓了一大跳。念瑶笑着对妈妈："妈妈，你看这只小狗多可爱。"

妈妈："念瑶，你这只狗从哪里来的啊？"

念瑶："我从楼下的小区里捡来的。"

妈妈："它是一只流浪狗吗？"

念瑶："是啊，它在楼下的草丛里，腿受伤了我看到它很可怜就把它捡回了。"

妈妈："你快把它放出去，流浪狗身上有很多细菌的。"

念瑶："我不要，它的腿受伤了，如果把它放出去，它没有人管会很难受的，没有人给它吃的，它会饿死的。它已经被抛弃过一次了，我们不要再抛弃它了好吗？"

妈妈见女儿这么有爱心，也就不好再说什么了。她想了一会儿对念瑶说："想要它留下可以，这是你自己做的决定，你就要担负起照顾它的责任。你要每天给它喂食，每天给它洗澡，还要每天带它出去遛弯，如果你做不到这些，妈妈就要把它送到动物收养站。你能做到吗？"

念瑶见妈妈答应自己了，就高兴地说："妈妈，你放心吧，我肯定能做到。"

虽然嘴上答应了，但是妈妈仍然很担心，这个连自己都照顾不好的小家伙能够承担起照顾狗狗的工作吗？妈妈又一想，正好可以借助这次机会锻炼一下小家伙的独立性，培养一下她承担责任的意识。

妈妈正在想着，这时汪汪的狗叫声把妈妈拉回了现实当中，妈妈这才回过神来。她对念瑶说："念瑶，我们现在要给狗狗洗个澡，一会儿再帮你洗个澡，毕竟流浪狗身上会有很多细菌的。"

"好的，妈妈。"念瑶爽快地答应了。

妈妈接好了水，念瑶把狗狗放进盆子里，却不知道该如何下手，就着急地喊："妈妈，你快过来，我不会给狗狗洗澡。"

妈妈："你自己的事情应该自己做啊，你刚才是怎样答应妈妈的？"

念瑶："妈妈，你先帮我一次，你告诉我应该怎样洗，我下次再自己洗好不好。"

妈妈："可是，我很怕狗啊，你先让你爸爸帮你洗吧。"

念瑶就跑着去书房里找爸爸，爸爸帮助念瑶给狗狗洗了澡，又给狗狗剪了毛。经过一番折腾之后，狗狗可爱多了，念瑶更加喜欢了，而狗狗似乎也喜欢念瑶，总是撅着小尾巴跟在念瑶的身后。

第六章 告别坏性格，培养好性格

刚开始，念瑶非常认真地照顾着狗狗，每天会按时给狗狗喂食、给狗狗洗澡，一天带狗狗遛两次。可是这样的热情并没有持续几天，几天过后念瑶就开始厌烦了，对待狗狗也没有耐心了。

一天早上，到了给狗狗遛弯的时候了，可是念瑶仍躺在床上呼呼大睡，在屋里待了一晚上的狗狗非常烦躁，"汪汪"叫个不停。妈妈见状只好去叫念瑶。

妈妈："念瑶快起来，该带狗狗去遛弯了。"

念瑶没有动静，妈妈就掀开了念瑶的被子，念瑶蜷缩着身体，小声地说："妈妈，我想睡觉，你带狗狗去遛弯好不好？"

妈妈："这只狗是你自己要养的，你也答应了要照顾它的，你不能逃避照顾它的责任啊。"

念瑶："真是太烦人了，我要睡觉，妈妈你不要再让它叫了。"

妈妈见念瑶没有动静，就只好叫爸爸帮忙去遛。

在这之后，念瑶不再那么认真地照顾狗狗了，总是依赖爸爸、妈妈去帮自己照顾。妈妈想要培养念瑶独立的意识，于是就把狗狗放到了姥姥家里去了。

这天，念瑶从外面回来，看到狗狗不见了，就着急地问妈妈："妈妈，狗狗去哪里了？"

妈妈："你不好好照顾它，它伤心了呗，离家出走了。"

念瑶哭着说："都是我不好，我以后一定要好好照顾狗狗，妈妈我想要狗狗回来。"

妈妈："狗狗回来了，你能好好照顾它吗？"

念瑶含着眼泪点了点头。

第二天，妈妈从姥姥家把狗狗抱了回来，念瑶开心地抱起了狗狗，小声地对狗狗说："狗狗，你不要再离家出走了，我答应好好照顾你好不好？"说着就亲了小狗一下，小狗似乎也听懂了小主人的话，乖乖地依偎在念瑶怀里。

在这之后，念瑶非常认真地照顾起了狗狗，非常有耐心地给狗狗喂

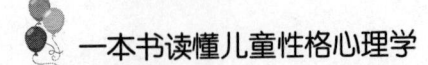

食，带狗狗散步，给狗狗洗澡，没有再逃避过，也没有抱怨过。除了承担起照顾狗狗的责任，念瑶也变得越来越独立，不再事事都依赖父母。

专家解读：

　　现在很多孩子都缺乏责任心，就是因为家长们对孩子的事情一手包办，什么都替孩子做好，这样就让孩子失去了承担责任的意识，同时也就失去了独立自主的能力。

　　就像案例中的念瑶，明明已经答应了自己要照顾狗狗，但是在照顾了几天之后就失去了耐心，把照顾狗狗的责任推给了父母。好在念瑶的妈妈并没有像其他妈妈一样宠着自己的孩子，而是有着培养孩子承担责任的意识，培养孩子独立自主的个性，从而让孩子拥有了一个良好的性格，改掉了孩子事事都要依赖父母的习惯。可以说念瑶妈妈的做法是值得其他家长们借鉴的。

　　家长要培养孩子承担责任的意识和独立的性格，最好的办法就是让他们自己的事情自己做。家长们应该从小培养孩子的这种意识，如让孩子整理自己的房间，收拾自己的物品，自己穿衣服等，从这些小事当中让孩子学会对自己负责，逐渐培养孩子独立自主的生活能力。

　　除此之外，家长们也可以让孩子帮助做一些力所能及的事情，作为家庭的一分子就应该承担其家庭的责任，这样能够培养孩子承担责任的意识。孩子有了承担责任的意识，在以后的工作当中也会表现得很有责任，不会去逃避责任，成为一个受社会欢迎的人。

给家长的话

　　只有当你的孩子足够坚强，足够独立的时候，他才学会了对自己负责、对家庭负责、对社会负责。他懂得自尊和自爱，才能赢得别人的尊重，才能赢得别人的喜爱。

关爱他人，让孩子学会感恩

🎵 **宝妈**：我儿子就是家里的"小霸王"，什么事情都得依着他，都得以他为中心，不懂得关心人，总是觉得别人的付出是理所应当的。你说他的时候，他还很理直气壮，真气人。应该怎么办呢？

作为孩子最重要的老师，家长的一举一动总是能够给孩子带来很大的影响。因此，在家庭生活中，夫妻之间应该懂得互相关爱，应该有一个和睦的关系。孩子也会在这种环境中学会关爱他人，懂得感恩。

珍珍是家里的独生女，可是她的身上并没有娇气和自私，她懂得关心别人，很受同学们的欢迎。当有同学遇到困难的时候，她总是伸出自己的援助之手；有同学过生日的时候，她会精心准备礼物；当有人考试没考好的时候，她会给予安慰和鼓励；当老师需要帮助的时候，她也总是第一个站出来帮助老师……珍珍之所以懂得关心他人，得益于父母对珍珍的教育。

珍珍的父母是普通的上班族，平日工作都很累，

但是他们却懂得互相关爱，爸爸知道关心妈妈，妈妈同样非常体贴爸爸。在家里，都是妈妈做饭，爸爸洗碗，爸爸不会让妈妈一个人承担所有的家务，而且还经常让珍珍帮着妈妈干家务。吃东西的时候，爸爸、妈妈不会让珍珍一个人可劲吃，而是全家人一起分着吃。珍珍父母经常教育珍珍要关爱他人。

在珍珍小的时候，一天晚上吃过晚饭，全家人坐在沙发上吃水果。茶几上摆满了香蕉、桃子、西瓜，还有珍珍最喜欢吃的葡萄。珍珍看到有自己喜欢的葡萄，就伸手把整盘葡萄放到了自己的面前津津有味地吃了起来。爸爸觉得有点不妥。

爸爸："珍珍，你怎么把葡萄放到了你自己的面前啊？"

珍珍："我喜欢吃葡萄啊。"

爸爸："可是这里不是只有你一个人喜欢吃葡萄啊。"

珍珍："谁还喜欢吃葡萄？"

爸爸："妈妈也喜欢吃葡萄啊，这个葡萄是妈妈买给你的，因为妈妈知道你喜欢吃葡萄，妈妈很爱你所以才给你买的葡萄，你也应该学会爱妈妈啊。"

珍珍点了点头，把葡萄拿过来给爸爸、妈妈吃。

爸爸接着说："珍珍真棒，以后有好吃的东西要分着大家吃，要懂得关心他人知道吗？"

珍珍一边吃着葡萄，一边点了点头。

还有一次，妈妈加班到很晚才到家，刚到家，珍珍就缠着妈妈，让妈妈给她讲故事。妈妈加班很累，想要休息一会儿，就拒绝了珍珍的请求。珍珍很生气，在吃饭的时候竟然不让妈妈吃饭。

妈妈："珍珍，你为什么不让妈妈吃饭？"

珍珍："妈妈没有给我讲故事。"

妈妈："妈妈上班很辛苦的，而且今天还加班，妈妈已经很累了，妈妈没有精力再去给你讲故事了，珍珍自己看一会儿故事书好不好？"

珍珍："可是我看不懂啊，我想让妈妈给我读。"

妈妈:"珍珍今天先看一会儿漫画书,妈妈明天再给你讲故事好不好?"

珍珍仍然坚持让妈妈给她讲故事,这个时候爸爸走过来说:"妈妈上班很辛苦的,珍珍应该体谅一下妈妈。如果把妈妈累坏了,谁给珍珍做饭,谁给珍珍讲故事呢?"

珍珍:"那爸爸给我讲。"

爸爸:"妈妈生病的话,爸爸要照顾妈妈,不能给珍珍讲故事。爸爸这么关心妈妈,珍珍是不是也应该关心一下妈妈呢?爸爸、妈妈平时上班都很辛苦,我们在外面忙了一天,下班回来很累,爸爸、妈妈辛苦在外面赚钱,是想要给珍珍更好的生活,爸爸、妈妈爱珍珍,珍珍也要爱爸爸、妈妈知道吗?"

除此之外,珍珍的父母也懂得在孩子面前适当地"示弱"。

爸爸、妈妈生病的时候,会让珍珍帮忙倒水;出去买东西的时候,会让珍珍帮忙拿一些小东西;妈妈在打扫卫生的时候也会让珍珍帮忙做一些力所能及的事情;妈妈做完饭的时候,会让珍珍帮忙拿碗筷……爸爸、妈妈还经常表扬珍珍"宝宝真棒,能够帮爸爸、妈妈做这么多事情"。每次受到表扬的珍珍都非常高兴,爸爸、妈妈的鼓励总是让珍珍干劲十足,总是非常积极地帮爸爸、妈妈做事情,看到积极的珍珍,爸爸、妈妈感到很满足。

珍珍在爸爸、妈妈的鼓励下,变得越来越懂事了,每天爸爸、妈妈回来的时候,她都会帮爸爸、妈妈开门,帮爸爸、妈妈拿拖鞋,让爸爸、妈妈先坐下休息一会儿,然后给爸爸、妈妈倒水。等到这些都做完了,就会和爸爸、妈妈说:"爸爸、妈妈,辛苦了。"

在爸爸、妈妈的教育下,珍珍懂得了父母的辛苦,在这个过程中她学会了体谅他人,学会了感恩。

专家解读:

珍珍确实是一个懂事的小女孩,而她之所以懂得感恩,和父母的教育

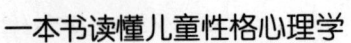

是分不开的。爸爸、妈妈并没有娇惯珍珍，而是让她学着体谅父母，学着关爱他人。

在珍珍的家庭中，爸爸并没有当甩手掌柜，而是和妈妈一起完成家里的事情，爸爸体谅妈妈，觉得妈妈上班很辛苦，不应该让妈妈一个人完成所有的家务，爸爸的这个举动影响着珍珍。除此之外，珍珍也不是家里的小公主，爸爸、妈妈没有万事都依着珍珍，当珍珍将喜欢吃的葡萄放到自己的面前的时候，爸爸对珍珍进行了教育，让珍珍知道了自己喜欢吃的东西还要分享。而且爸爸、妈妈还让珍珍帮着做一些力所能及的事情，并给予珍珍适当的表扬，让珍珍从中体会到快乐，并且让珍珍知道家人的辛苦，促进了珍珍对家人的理解和关爱。

想让孩子更好地在社会上立足，家长们就要从小培养孩子的感恩之心，让孩子学会体谅他人，让孩子学会付出。家长们在教育孩子的过程中要注意，如果孩子帮助家庭做了一些事情，无论事情是大还是小，家长们都要对孩子说"谢谢"，让孩子在付出的时候能够收获到喜悦，当他们收获了别人真诚的感谢的时候，这种喜悦是发自内心的。让孩子意识到帮助他人能够获得快乐，他就会愿意主动去帮助别人，尽自己最大的能力去帮助别人做一些事情，同时也会对别人的付出心怀感恩。

> **给家长的话**
>
> 　　父母对于孩子的爱都是无私的，对于孩子的付出都是不求回报的，家长们可以让孩子知道父母的爱是伟大的、是无私的，但是不能让孩子有理所当然的意识。

顽强乐观，遇到挫折不哭鼻子的孩子

🎵 **宝妈**：我家孩子还挺坚强的，遇到事情的时候不像其他小朋友那样爱哭鼻子，遇到困难的时候也不退缩，总是坚持完成。有的时候我们都想让他放弃，可是他仍然坚持自己做，看着孩子这么顽强乐观，真是打从心底里高兴。

孩子顽强乐观是一种非常好的品质，家长们应该为有这样的孩子而感到高兴。因为这样的孩子在遇到困难的时候不会退缩，会勇敢地向困难挑战，以顽强乐观的态度去面对困难。孩子能够有这样的品质是很难能可贵的。

小桃子是一个乐观开朗的小女孩，每天都是笑呵呵的，遇到困难也不退缩，总是勇敢地往前冲。

小桃子上幼儿园了，其他的小女孩都喜欢学跳舞，学画画，可是小桃子对这些都不感兴趣，反而对冰球产生了浓厚的兴趣。妈妈也想让她像其他小姑娘一样，但是她非常有主意，坚持要学习冰球，在小桃子的坚持下，妈妈只好答应了。

学习冰球的小桃子就像个假小子一样，穿着厚厚的冰球服，在冰球场上跑来跑去，和别人撞来撞去的。因为是剧烈的运动，经常会磕到这碰到那的，每次受伤的时候妈妈都心疼得不行，但是小桃子却非常乐观，总是笑嘻嘻地说"不疼，不疼"，而且坚持要学习。面对这么倔强的小桃子，妈妈是既开心又担心。开心的是小桃子足够坚强，足够乐观，不会遇到一点困难就哭鼻子和退缩；担心的就是冰球剧烈的运动会让小桃子受伤，虽

> 加油，你很棒
> 自己站起来！

然磕这碰那是家常便饭，有的时候也会受比较严重的伤。

一次，小桃子在练习的过程中被其他人不小心绊倒了，当时小桃子正在快速地奔跑，绊倒之后左手压在了身下，最终导致手腕骨折。当时妈妈吓坏了，脑袋几乎是空白的，不知该如何是好，送到医院的时候，妈妈急得团团转，眼泪都快流下来了。而小桃子则非常坚强，她没有哭闹，只是在疼痛难忍的时候流下了眼泪，她还笑着安慰妈妈说："妈妈，没事的，很快就会好的。"让妈妈感到十分欣慰。

因为受了很严重的伤，妈妈想让小桃子放弃学冰球，可是小桃子却不想放弃，仍然坚持学习。她说她喜欢在冰场上奔跑的感觉，妈妈担心她还会再受伤，小桃子却总是笑着说："我不怕疼。受伤怕什么，我连打针都不怕呢。"

专家解读：

小桃子真的是一个乐观、顽强的小姑娘，在面对困难的时候不哭哭啼啼。她走不同寻常的路，当别的小姑娘去学跳舞的时候，她偏偏喜欢上了冰球，不顾妈妈的阻拦毅然坚持学习，虽然在学习的过程中遭遇了困难，但是她没有放弃，而是勇往直前，可以看出在小桃子的身上有一种不轻易放弃的精神。在她受伤的时候也表现出了小孩子天真的一面，在疼痛难忍的时候也会流泪，但是并没有哭个没完，也没有向妈妈撒娇，反而是安慰起妈妈。她还是一个非常懂事的小女孩，同时也很乐观，她用一颗乐观的心去积极面对困难，没有退缩，是一种非常难能可贵的精神。在小桃子的身上体现了顽强不屈、积极热情的精神。

小桃子的性格属于表现型的，这种性格的人都有着顽强的精神，对待事情热情，面对困难的时候乐观向上。因为表现型的人有一颗强烈的好奇心，他们会用自己的热情去探索、尝试，有的时候可能会碰壁，但是会用自己乐观的心态去征服困难，不退缩，勇往直前。孩子能够具备这样的性格是难能可贵的。

但是，很多孩子的这种性格都被家长的溺爱所埋藏了，他们会像小桃子的妈妈一样害怕孩子受伤，就不让孩子去尝试，把孩子当成温室的花朵细心呵护，不让他去经历风雨的袭击，孩子顽强不屈、积极乐观的一面在这种细心的呵护之下消失殆尽，最终成为一棵弱不禁风的小树苗，不能承受压力，不能经受风雨。因此，家长们想要更好地爱孩子，要懂得放手，让孩子去经历风雨的洗礼，在他们面对困难的时候，做好他们坚强的后盾，给予他们足够的信心，让他们更好地去面对困难。

> **给家长的话**
>
> 孩子顽强不屈、积极乐观是件好事，家长们应该保护孩子的这种天性，让它得到更好的发展，而不是拖孩子的后腿，用各种担心埋没孩子这种可贵的品质。家长们应该做孩子前行道路上的伙伴，陪他们一起面对生活中的各种问题。

善良，能够温暖他人的小天使

🎵 **宝妈**：我家孩子就像个小天使一样善良，总是能够给别人带来无限的温暖。生病的时候，他会帮你倒水，对你嘘寒问暖；下班的时候会和你说"辛苦啦"；不开心的时候，他会用自己独特的方式逗你开心；遇到有困难

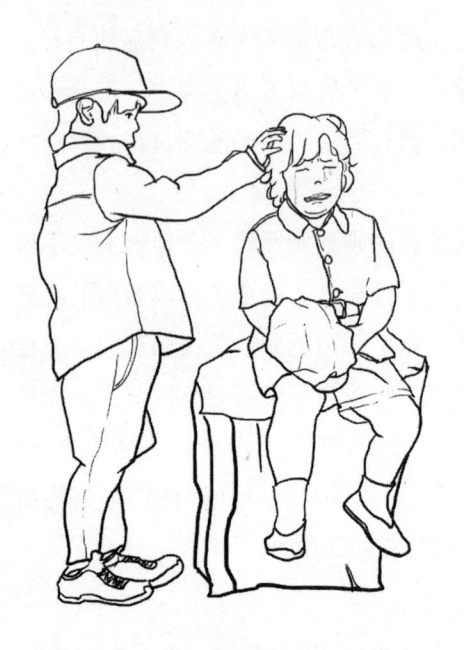

的人的时候，他也总是想着要帮助他们。看着他这样善良，心里真的很开心。但是，他太善良了，会不会被别人骗，被别人欺负呢？

孩子贴心、懂事、善良是非常难能可贵的品质，他们不会像叛逆型孩子那样总是给家长们惹事，让父母头疼。他们非常懂事，总是会给父母带来温暖，让父母感到欣慰。

超市里，妈妈正在忙碌地挑选着食材，准备给宽宽准备一顿丰盛的大餐，而宽宽则在一旁摆弄着架子上的各种物品，来打发无聊的时间。过了好长时间，妈妈终于挑选完了物品，推着购物车准备去结账。当他们来到收款台的时候，几个结账的出口都是长长的队伍，妈妈看了看，终于在一个人相对比较少的队伍后面停了下来。队伍一点一点地向前进，眼看着就要轮到宽宽他们结账了。

在这个时候，在队伍的后面走过来一位上了年纪的老人，她费力地提着购物筐，里面放满了各式各样的生活用品。她刚刚站了一会儿就气喘吁吁的。这个时候，宽宽看到了这位老奶奶，他拽了拽妈妈的衣服。

宽宽："你看那位老奶奶。"

妈妈回头看了一眼说："嗯？"

宽宽："你看那位老奶奶，拎着那么多的东西已经累得上气不接下气了。"

妈妈："她买了那么多的东西当然很费劲了。"

宽宽："妈妈，要不我们让那位老奶奶排到我们的前面，我们让她先结账好不好？"

妈妈为孩子的善良感到高兴，但是已经排了这么长时间的队，也不想再等了，就面露难色地说："我们都已经排了这么长时间的队伍，而且妈妈还要回去给你做饭啊，你现在饿不饿啊？"

宽宽："妈妈我不饿，我们先让老奶奶结账吧。"

妈妈："可是，这么多人都在等着呢，你让了这个老奶奶，一会儿再过来一个老爷爷你还要让吗？"

宽宽："有老爷爷也要让。"说着就走冲出了队伍，走到了老奶奶的面前。

宽宽："老奶奶我来帮您拿吧。"

奶奶："谢谢小朋友，你是个乖孩子，我还拿得动，不用你拿了。"

宽宽："您都已经累得满头大汗了，我妈妈在前面排队，很快就到我们结账了，我们也不是很着急，老奶奶您到我们的前面去，这样您就可以先结账了，不用再等着了啊。"

奶奶："不用了小朋友，你和妈妈都排了那么长时间的队，已经等了很长的时间，我再等一会儿。而且这么多人都等着，我没事的。你快去前面和妈妈等着吧。"

宽宽："您就不要客气啦，赶快去结账吧。"说着就拉着老奶奶走到了妈妈的前面。这个时候刚好轮到妈妈结账，老奶奶走过来，笑着对宽宽的妈妈说："真的不好意思啊。"

妈妈也笑着说："没关系的，您岁数大了，您先结吧。"

老奶奶想要把购物筐放到收款台上，可是因为太沉了并没有放上去，宽宽赶紧走过来帮着老奶奶把购物筐放到了收款台上。收款的阿姨微笑着对宽宽说："小朋友，你真的是太棒了，这么小的年纪就知道帮助人。"

宽宽害羞地笑了笑。

老奶奶结完账之后，宽宽还帮助老奶奶把物品装到袋子里，老奶奶非常开心地说："这个孩子真的是太棒了，你的妈妈肯定也是一个好妈妈，给你这么好的教育。"

宽宽自豪地说："那当然，我妈妈是最棒的。"

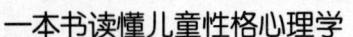

专家解读：

当天性热情的孩子看到有困难的人的时候，总是想要去帮助他们，向他们伸出援助之手，他们就像是冬日里的火把，照亮着别人，给别人带来温暖。

而宽宽的身上就具备这种特质，当他看到老奶奶手里拎着沉甸甸的物品的时候，他善良的品质就被激发了，他让老奶奶排到自己的前面先结账，这样老奶奶就可以轻松一些了。虽然妈妈并不是很情愿这样，但是宽宽的热情并没有被浇灭，而是径直走到了老奶奶的身边，帮助老奶奶拿东西，让老奶奶结账，帮着老奶奶装袋子。最终获得了收银员和老奶奶的表扬。同时，虽然妈妈试图阻止过他，可是在老奶奶提到妈妈的时候，他仍然说了妈妈的好话，充分展现了一个小暖男的特质，在温暖他人的时候，也温暖了自己的妈妈。

表现型的孩子大都天性热情，他们乐于帮助别人，喜欢关心别人，他们的身上具有"善良"这种可贵的品质。虽然他们帮助别人、关心他人有的时候是为了获得别人的表扬和赞美，但是能够拥有善良的品质就已经是难能可贵的了。所以，作为家长一定要注意保护孩子这颗善良的心，让他们去爱更多的人。

同时，家长还要帮助孩子明辨是非，让孩子的善良之心能够得到更好的发挥。

给家长的话

善良是弥足珍贵的品质，家长应该保护好孩子这种良好的品质，让孩子体会到帮助他人的快乐，让孩子用小小的心灵去温暖更多的人。

第七章
二胎时代，
两个孩子的性格心理

国家放开二胎政策，让想要生二胎的家长们满心欢喜。虽然生二胎会面临诸多困难，如身体条件、物质条件、精神条件等。除了这些，家长们还需要面临一个重大的问题，那就是如何让家里的老大愉快地接受老二的到来，以及在老二到来之后如何处理两个孩子之间的关系。因为孩子的个性也会决定着家长生二胎的进度，有的孩子可能会非常愉快地接受父母生二胎，而有的孩子则会需要很长的一段时间才能接受，或者是根本不会接受，有的甚至还会走向极端。所以，在生二胎之前，家长们最好是做好这些准备。

想生二胎，要先做好任性老大的工作

宝妈：家里有一个孩子有时候真的是挺孤单的，现在放开二胎了就想要再生一个，这样两个孩就有伴了，小时候可以一起玩，长大了也可以互相有个照应。我和孩子的爸爸是这么想的，但是不知道儿子是怎么想的，尤其是我家的孩子那么任性，他会同意我们再生老二吗？

随着二胎政策的开放，越来越多的家庭都计划要生二胎，毕竟一个孩子比较孤单，长大之后需要承担的东西也很多。虽然多养一个孩子很是辛苦，但是能够让孩子长大之后有一个相互照应的人也是值得的。家长们这样为孩子着想，可是孩子并不这么想，他们会认为多一个孩子会让自己失去父母的爱，也会失去专宠的位置，会失去更多的东西，所以他们就会想尽各种办法阻止父母生二胎。因此，想要生二胎的父母，最好是先搞定家里任性的老大。

跳跳是家里的第一个孩子，家里人对他是十分宠爱，事事都顺着他，这让跳跳养成了自私、任性的性格。这也让想生二胎的父母非常担忧，不知道该如何过跳跳的这一关。而对于爸爸、妈妈要生二胎这件事，跳跳很排斥，每次爸爸、妈妈和他谈论这个话题的时候他都会表现出很强的反抗情绪。

一天，妈妈带着跳跳去楼下玩，刚好邻居家也抱着刚刚八个月的小宝宝出来了。小宝宝长得虎头虎脑的，非常可爱，跳跳的妈妈忍不住摸了摸小家伙的脸，小家伙马上就露出了笑容，妈妈非常开心地对邻居说："我能抱抱这个小家伙吗？"邻居欣然答应了，妈妈把小宝宝抱了过来，专心地逗着小家伙，忽略了身旁的跳跳，这让跳跳非常生气，他起身使劲拽了妈妈的衣服。

第七章 二胎时代，两个孩子的性格心理

跳跳："妈妈，我们回家。"

妈妈："我们不是才下来一会儿吗，怎么就上去了啊？"

跳跳："在这里待着没意思，我想要上去。"

妈妈："不是你要下来的吗？上去我们可就不下来了，到时候你不要再嚷嚷着下来了。"

跳跳："我知道了，我们赶快走吧。"说着拉着妈妈就要走，妈妈只好将孩子还给了邻居，和跳跳一起上楼了。

回到家之后，跳跳一屁股坐在了沙发上，没有说话，直接打开电视机坐在那里看电视。妈妈看见跳跳生气了，就安慰起了跳跳。

妈妈："跳跳，你看刚才的小妹妹可爱吗？"

跳跳只是生妈妈的气，觉得小妹妹还是非常可爱的，就点了点头。

妈妈趁机说："妈妈也给跳跳生一个这样的小妹妹好不好？"

听到妈妈说要给自己生一个小妹妹，跳跳马上就不开心了，跳到了沙发上，两只小手叉着腰，生气地说："我不要，我才不要小妹妹呢。小妹妹会抢我的零食，会抢我的玩具，会抢走爸爸、妈妈。我不要小妹妹。"

妈妈接着说："可是小妹妹会和跳跳一起玩啊，这样跳跳就不会孤单了啊，你想有一个人天天跟在你的屁股后面喊'哥哥，哥哥'，你是不是很有成就感呢？"

跳跳："那我也不要，我宁愿一个人玩，我也不要小妹妹。妈妈要是生小妹妹的话我就不理妈妈了，我要把小妹妹扔掉。"说着就狠狠地把一个沙发垫扔在了地上。

妈妈见跳跳情绪这么激动，也就不再说什么了。

星期天的时候，妈妈的同事带着家里的小宝贝来家里玩，同事来了之后，妈妈让跳跳和阿姨打招呼，跳跳扭扭捏捏地和同事打了个招呼，妈妈对跳跳说："跳跳，你带着妹妹去玩好不好？"

跳跳:"和小女孩有什么好玩的,我才不要和她玩呢。"说着就跑到了自己的房间里。

妈妈只好尴尬地对着同事笑了笑。

虽然跳跳拒绝了跟妹妹玩,但是妹妹好像非常愿意和哥哥玩,她自己跑到了哥哥的房间。跳跳一个人正在房间里玩积木,看见妹妹走了进来,非常不耐烦。

跳跳:"你来干什么啊?"

妹妹:"我来和哥哥一起玩啊。"

跳跳:"刚才不是说了吗,我不要和你一起玩。"

妹妹:"可是我想和哥哥一起玩,我一个人在外面也没有意思,我们两个人在一起玩不是很好吗?"

跳跳:"你个小屁孩会玩什么啊?"

妹妹:"哥哥可以教我啊。哥哥你在玩什么啊,这个房子好漂亮啊,哥哥好厉害啊。"

跳跳听到妹妹这么说,心里非常高兴,自豪地说:"那当然了,我是天下无敌厉害的跳跳。"说着就摆了一个自认为很酷的动作。

妹妹瞬间就变成了一个"小迷妹",拍着两只小手说:"哥哥,好棒啊。"

跳跳:"看你表现得这么好,我就教你搭积木吧。"

妹妹:"太好啦。"

说着跳跳就教妹妹搭起了积木,没过一会儿,两个人就又完成了一座房子,妹妹非常开心,跳跳也很开心,他对妹妹说:"我们去玩会儿别的吧,我不想玩积木了。"

妹妹:"好啊,听哥哥的。"

跳跳想了想:"我们来玩捉迷藏吧。我来藏,你来找好不好?"

妹妹点了点头,于是两个人就开心地玩起了捉迷藏,两个人玩得非常开心,房间里充满了两个孩子的笑声。妈妈看到跳跳和妹妹玩得这么好,也很高兴。

时间过得很快,同事要带小妹妹走了,可是跳跳和妹妹还没有玩够,表现出了非常不舍的情绪。妈妈只好对跳跳说:"妹妹下次还来呢,我们下次再和妹妹一起玩吧。"

妹妹走了之后，跳跳非常失落，这个时候妈妈趁机说："跳跳，你现在还觉得妹妹烦人吗？"

跳跳："好像也不是那么烦人了。"

妈妈："那妈妈给你再生一个好不好？"

跳跳没有像之前那样表现出很反抗的情绪，而是说了句"让我想想吧"就走进了自己的房间。

在这之后，妈妈总是带着跳跳和比他小的小朋友玩，让跳跳带着小弟弟、小妹妹玩，而跳跳似乎也不再那么讨厌弟弟、妹妹了，和弟弟、妹妹们玩得越来越好了。在妈妈的努力下，跳跳终于同意了妈妈再生一个宝宝。

专家解读：

很多家庭都会出现这样的情况，当爸爸、妈妈想要生二胎的时候，老大们总是会非常反对。有的家庭可能会觉得这是大人的事情，和小孩子没有关系，不顾老大的反对，也不会顾及老大的心情，不会去征求孩子的意见。其实这样的做法是不正确的，毕竟孩子也是家里的一员，也有做决定的权利，家长们是不应该忽略掉孩子的建议的。如果家长们没有做老大的工作的话，就会影响到老大的心情，到时候会产生很多不良的影响，会让老大产生不良的情绪，让他非常抵触老二的存在，影响他对老二的感情。

跳跳的妈妈就很好地顾及了这一点，她知道顾及孩子的情绪，因为她知道孩子很任性，如果不在生之前做好老大的工作，将来会很难处理老大和老二之间的关系。所以她就尽量让跳跳喜欢小弟弟、小妹妹。同事家的孩子非常乖巧，和跳跳玩得非常好，让跳跳体会到了和小朋友玩其实是一件很开心的事情，而且他们也不总是会抢自己的玩具，也不会总是捣乱。在和小妹妹玩的过程中，跳跳体会到了作为一个哥哥的乐趣，这也让他减少了对于老二的抵触。在妈妈的努力之下，跳跳同意了爸爸、妈妈生二胎。我们可以看出小孩子并不都是顽固不化的，再任性的孩子只要让他们体会到快乐和好处，他们也会改变的。家长们只要多一些耐心，多一些尊重，老大的问题都是能够解决的。

当孩子享受了爸爸、妈妈全方位的爱，这个时候如果突然多了一个人来和自己分享爸爸、妈妈的爱，对于小孩子来说一时是很难接受的。所以，家长们不要总是怪自己的孩子不懂事，小孩子出现反抗的情绪是很正常的。

家长们应该做好孩子的工作，让他体会到作为老大的快乐，要让他们懂得他们在爸爸、妈妈的心里永远是独一无二的，爸爸、妈妈会永远爱他们的，要让老大真正地接受老二。爸爸、妈妈可以多让老大和比自己小的孩子玩，多让他们照顾一下比自己小的孩子，这样不仅孩子能够获得更多的快乐，还可以提前让孩子学会照顾小宝宝，提前做好"功课"。

> **给家长的话**
>
> 生二胎并不是一件容易的事情，不仅作为父母要做好充足的准备，还要考虑好老大和老二之间的关系，尤其是当家里有一个任性的老大的时候，就需要家长们多付出一些努力，要在老二出生之前就让老大在心理上完全接受老二。

孩子高兴赞同，父母也不能偏心

🎵 **宝妈**：我家大宝非常喜欢小孩子，看到别人家的小孩子总是喜欢得不得了。而且还经常嚷嚷让我给他生一个小弟弟或者是小妹妹。和他说生二胎的问题的时候，他也不像其他孩子那样抗拒，而是表现得非常高兴，看到他这个态度我也就放心了。

在面对生二胎这个问题的时候，有的孩子可能会表现得很激烈，而有的孩子则会欣然接受。当孩子欣然接受的时候，很多父母也就会很放心，但是孩子接受了家长生二胎，并不代表着家长就可以高枕无忧了。因为小孩子总有一颗好奇心，有的时候他们接受父母生二胎也许只是因为新鲜和好奇，当新鲜劲过了之后，他们就会出现不耐烦的情绪，那个时候问题也就会接二连三地出现。所以，当孩子欣然接受时，家长们还是要做好迎接各种问题的准备。

峰峰是一个乐观开朗的孩子，每天都是笑哈哈的，就好像心中从来没有烦心事一样。在其他小孩都在千方百计阻止自己的父母生二胎的时候，他却表现得非常淡定。

一天，峰峰的小姨带着一岁的女儿来到峰峰家里做客。峰峰看见小妹妹喜欢得不得了，尽管小妹妹很胖，峰峰抱起来也很吃力，可是峰峰却总是忍不住想要去抱抱小妹妹，费力地抱着小妹妹转圈圈，亲亲小妹妹。嘴里还嘀咕着："你怎么这么可爱呢？"

小姨看到峰峰这么喜欢小妹妹就开玩笑地说："峰峰，你这么喜欢小妹妹，让妈妈再给你生一个好不好？"

峰峰连声说："好啊，好啊，妈妈再给我生一个吧。"

妈妈说："峰峰，可是如果妈妈再生一个的话，就会有一个人来同时和你分享爸爸、妈妈的爱了，你能接受吗？"

峰峰："什么也抵不过有一个可爱的小妹妹或者是小弟弟呀。"

这个时候小姨接着问："峰峰，你想要小弟弟还是小妹妹呢？"

峰峰："呃，最好是龙凤胎，这样我既有弟弟又有妹妹了。"

小姨："可是，妈妈已经有你一个儿子了。"

峰峰："你不是问我吗？我很高兴有弟弟和妹妹。"

听到峰峰这么说，妈妈和小姨都哈哈笑了起来，而峰峰仍然在一旁耐心地和小妹妹玩着。

过了几个月之后，妈妈成功地怀上了二胎，这个时候峰峰也很高兴，总是摸着妈妈的肚子，对着肚子说话，看到峰峰这么高兴，妈妈也很高兴。

又过了几个月,妈妈成功分娩了一个女孩。小妹妹的到来让全家人都非常开心,峰峰更是开心,他总是坐在小妹妹的床前看着小妹妹。总是想要抱抱,但是因为妹妹太小了,妈妈总是拒绝他,每次被拒绝,峰峰都非常不开心。

好不容易妹妹长大些了,峰峰抱着妹妹玩,每次都非常小心,生怕妹妹受伤,还经常帮助妈妈照顾妹妹。妈妈给妹妹冲奶粉的时候,他就会帮妈妈拿奶瓶;妈妈给妹妹换尿布的时候,他就会帮妈妈拿尿不湿,成了妈妈的小帮手。妈妈看到峰峰这么喜欢小妹妹,心里也是十分开心。

可是,没过多久,峰峰就失去了耐心。当小妹妹哭的时候,他也不会像之前那样赶紧去哄,而是表现得非常不耐烦,也不再帮妈妈照顾小妹妹了。当妈妈说他的时候,他总是生气地说:"妈妈,你偏心,哼。"

峰峰这样的变化也令妈妈十分的担心。

专家解读:

峰峰的确是一个很懂事的孩子,但他也有着大部分小孩子都会有的毛病,那就是嫉妒和缺少耐心。虽然他之前也很喜欢小姨家的小妹妹,但那只是暂时的,因为小妹妹没有长期生活在自己家里,峰峰也体会不到家里再多一个小妹妹是什么样的。他对于小妹妹的喜爱也只是出于好奇的心理。

当妈妈真的给他生了一个小妹妹之后,情况就完全不同了。虽然前期在好奇心地驱使下峰峰十分喜爱小妹妹,但是时间越来越长,势必就会产生矛盾。因为妈妈会把更多的精力放在小妹妹身上,有的时候可能会对峰峰忽略一点,这个时候峰峰就会产生嫉妒之心,而他把这种嫉妒之心全都转嫁在了妹妹身上,认为一切都是妹妹的错,他也就开始讨厌起妹妹来。对妹妹完全变了一个态度。虽然峰峰的妈妈顺利生下了二胎,可是却也面临着如何处理老大和老二之间关系的问题。

虽然孩子很高兴地同意了家长生二胎，但是家长们还是要注意孩子的心态是随时会发生变化的。家长们在生完孩子之后，还是要做好老大的各种心理工作的。

在生完二胎之后，爸爸妈妈要尽量平衡好老大和老二之间的关系，争取给老大同样多的关爱。妈妈在全身心照顾老二的时候也不要忽略掉老大，也要同样照顾老大，要时常对老大说："你看你小时候就是这么过来的，妈妈那个时候也是这么照顾你的。妈妈很爱你。"除此之外，不要总是严厉地批评老大，要照顾好老大特殊时期的特殊心理。

> **给家长的话**
>
> 老大和老二的关系决定着两个人的未来，作为家长一定要做好其中的调和剂，让他们建立一个良好的关系，才是对老大和老二负责的表现。

对大孩子不要隐瞒而要沟通

♪ **宝妈**：我家大宝三岁了，我的年龄也不大，刚好可以生二胎，一切看似顺理成章。但是听别人说要想生二胎，就必须要做好安抚老大的工作。每当想到这个问题，总是很头疼，不知道该怎样去和老大说。万分无奈，决定先瞒着老大，等到水到渠成的时候再去做老大的工作。

在生二胎的时候，有的家长可能会听人说安抚老大的情绪是非常不容易的一件事情，或者是自己的孩子表现出很强烈的反抗情绪。在这个时候，很多家长就会采用隐瞒的方式，不告诉老大实情，最终只能得到一个更加糟糕的结果。所以，无论安抚老大是多么艰巨的一项任务，家长们尽量不要采取隐瞒这种方式，而是应该耐着性子多和老大沟通，积极主动地去做他们的思想工作。

  小赵今年28岁，儿子已经上小学了，可以说是很省心了。但是小赵总是觉得一个孩子太孤单了，随着二胎政策的开放，小赵就决定再生一个。因为小赵的年纪还不是很大，再生一个也不是什么问题，但是小赵仍然有一个担心的问题，那就是如何应付老大。

  作为家里孩子的果果，可以说是得到了父母无私的爱，如何跟果果说生二胎的事情，让夫妻俩非常头疼。小赵也曾经尝试着和果果说这个问题，但是每次都会被果果无情地拒绝。

  在几次尝试无果之后，夫妻俩决定先执行生二胎的计划，先把孩子生下来，到时候再去做果果的工作。于是，两个人在果果完全不知情的情况下实施起了生二胎的计划。

  果果看到妈妈渐渐变大的肚子总是非常好奇地问妈妈："妈妈，你的肚子怎么了啊？"

  这个时候妈妈总是很不自然地说："妈妈最近吃多了，可能是发胖了吧。"

  当妈妈这么说的时候，果果总是会说："妈妈，你又贪嘴了，你不总是嚷嚷着减肥吗，怎么总是管不住自己的嘴呢？妈妈以后我来监督你吧。"

  听到果果这么说，妈妈总是很不自然地笑笑。

  很快，妈妈生产的日子就到了，在快要生产的时候，为了能够方便照顾大人和新生儿，夫妻俩把果果送到了爷爷、奶奶那里。

  过了几天，小赵顺利地生了一个儿子，再一次当妈妈的小赵非常高兴，小赵的丈夫也很高兴。过了几天，当果果看到妈妈抱着另一个小孩子回家的时候，瞬间就炸锅了，他嚷嚷着要妈妈把那个小孩子放下，不让妈妈抱那个小孩子。

爸爸："果果，你不要闹了，妈妈刚生完孩子身体还很虚弱。"

果果生气地说："妈妈为什么要抱着别的小孩啊，那个是我的妈妈，我不许妈妈抱着别的小孩。"

爸爸："果果，那个是妈妈新生的孩子，是果果的小弟弟，不是别人家的孩子，是我们家里的一分子。"

果果："我不要弟弟，我讨厌弟弟，我讨厌爸爸、妈妈，哼。"说着就大哭了起来，妈妈只好先将弟弟放下，忍着刚刚生完孩子的疼痛去安抚果果。

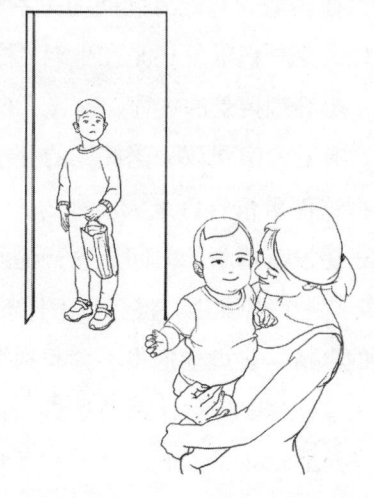

在这之后的日子里，虽然爸爸、妈妈在尽力做果果的工作，但是却并没有取得很大的效果。每当妈妈给小弟弟喂奶或者是抱着小弟弟的时候，果果总是阻止妈妈，经常性地大闹。妈妈在照顾弟弟的时候还要安慰老大可以说是精疲力竭，虽然她尽力想让果果接受弟弟，可是果果却总是对弟弟表现出讨厌的情绪，这样小赵夫妻俩非常的担心。

专家解读：

这是很多家庭都会出现的问题，他们为了避免老大出现反抗的情绪，会瞒着老大进行二胎计划。其实，这是非常不明智的一个做法。

虽然瞒着老大在生产前可能会避免老大产生负面的情绪，但是在老大完全不知情的情况下就将老二生来下，会引起很大的麻烦。突然从天而降一个小弟弟或小妹妹的时候，这对于老大来说将会是一个更加难以接受的事实。小赵夫妇在果果毫不知情的情况下就生了弟弟，并且还要让果果接受弟弟，这对果果未免过于残酷了一些。在这样的情况下，突然有人告知孩子要有一个人和他来分享自己的父母，分享自己的玩具，这肯定会让他的心里非常不满，这样不仅会给老大带来很严重的心理影响，果果会将这种不满的情绪全部转移到弟弟的身上，对于老二来说也是不公平的。长此以往，老大和老二之间的关系就会很紧张，父母也会面临更大的难题。所以，家长们最好还是在生老二之前就和老大做好沟通工作，让孩子提早有一个心理接受的过程。

有的专家建议，当妈妈的肚子里有了小宝宝之后，家长们最好不要着急把这件事情告诉老大。因为，九个月对于孩子来说是一个漫长的过程，孩子还没有清晰的时间观念，他们不能够想象在不久的将来自己的世界里"多了一个小孩儿"将会是怎样的，他们不能够想象这是好的事情还是不好的事情，告诉他们也不会起到很好的作用。因此，当你的孩子越小的时候就应该越晚告诉他家里要多一个小宝宝的事实。

这里所说的是拖延告诉孩子的时间，并不是隐瞒孩子，对孩子撒谎。当老大注意到妈妈的肚子一天天大起来的时候，爸爸、妈妈不要用各种理由搪塞过去，而是应该对其说出事实。家长们可以这样对孩子说："妈妈的肚子里有个小宝宝，等到他长大一点儿就会从妈妈的肚子出来，成为这个家里的一分子。"

在妈妈怀孕的时候，妈妈也要尽量给老大多一些的照顾，多和老大做一些事情，不要让老大觉得肚子里的宝宝剥夺了妈妈的爱，这样会让老大更加难以接受老二的到来。

此外，不要破坏孩子的童心，因为虽然是老大，他也只是一个几岁的孩子，可以引导孩子关心、照顾老二，但是不要强迫孩子这样去做，这样只会起到相反的效果。所以，保留孩子的童心，让他们顺其自然地去做好哥哥、姐姐的角色。

> **给家长的话**
>
> 对孩子说实话是非常必要的，虽然孩子可能会反对，但是这不能成为隐瞒孩子的理由。既然你已经做好了生二胎的准备，最好找到合适的时机，跟孩子开诚布公地谈谈，做好迎接各种困难的准备，力争给老大和老二创造一个健康、轻松的生活环境。

"凭什么要让着他"

宝妈：家里的老大真太不让人省心了，和他说要让着点弟弟，可是他就是不听，总是和弟弟抢玩具，还总是欺负弟弟，经常把弟弟欺负得嗷嗷大哭。有的时候说他，他还会哇哇大哭，家里总是乱作一团。太闹心了。

其实，妈妈不要总是埋怨老大不懂事，即使他们是老大也不过是几岁的孩子，他们也是一个独立的个体，让着弟弟、妹妹只是父母出于道德层面上对他们做出的要求，他们是没有义务去让着弟弟、妹妹的。因此，家长们在处理老大和老二之间的矛盾的时候，不要总是持有"老大要让着老二"这样的想法，这对于老大来说是不公平的。

"你能不能让着弟弟啊？"

"我凭什么要让着他啊？"

这是在豆豆家能经常听到的对话。豆豆是家里的老大，当弟弟来到后，家里发生了天翻地覆的变化。

星期天，妈妈带着两个小家伙去野外郊游，因为路途遥远，妈妈给兄弟俩准备了水果和零食。车行驶了一会儿之后，豆豆突然想要吃水果，妈妈就停下车给他拿水果。

妈妈拿出了一块苹果给豆豆吃，豆豆正吃得高兴的时候，坐在一旁的弟弟看到豆豆吃苹果也想要吃，但是他没有朝妈妈要，而是直接伸手去抢了哥哥的苹果。当弟弟把手伸过来抢时，豆豆只是推开了弟弟的手，可是弟弟总是不依不饶地抢，豆豆非常生气。

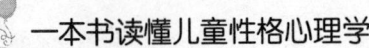

豆豆："妈妈，你管管弟弟啊，他抢我的苹果。"

妈妈："皓皓，你也想要吃苹果吗？"

皓皓点了点头。

妈妈接着说："妈妈给你拿新的好不好？咱们不要抢哥哥的。"

可是皓皓似乎对哥哥手里的苹果非常执着，即使妈妈拿着新的苹果，弟弟也毫不动心，仍然坚持抢哥哥手里的苹果。豆豆非常生气，就打了弟弟一下，被打的弟弟嗷嗷大哭了起来。

妈妈："豆豆，你怎么能打弟弟呢？"

豆豆："谁让他抢我的苹果呢，这个是我的苹果。"

妈妈："他想吃你就给他呗，你再拿一个不就行了吗？你是哥哥应该让着点弟弟。"

豆豆十分不悦，撅着小嘴说："凭什么我总是让着他啊？"

妈妈："因为你是哥哥啊，哥哥就应该让着弟弟啊。"

豆豆："为什么哥哥就得让着弟弟呢？"说着就把头扭向了一边，好长时间都没有搭理妈妈。

专家解读：

当家里多了老二之后，家长们大都会这样教育老大，要老大让着弟弟、妹妹，有的老大可能十分的乖巧，会按照爸爸、妈妈的要求去做，什么事情都让着弟弟、妹妹。但是大部分的孩子都会像豆豆这样，不会让着弟弟、妹妹，这样的孩子个性都比较强，再加上也是从小被娇养，让他们去让着别人确实不是一件简单的事情。其实，老大让着老二并非是天经地义的事情，不管是老大还是老二都是家里的一分子，都应该被平等地对待。从案例中我们可以看出，豆豆是一个个性很强的孩子，当弟弟抢他的苹果的时候，他没有让给弟弟，虽然妈妈教育了他，但是他也没有屈服，仍然坚持自己的原则，而且还向妈妈提出了质疑。可以说豆豆是很有主见的，而且敢于向权威挑战。

像豆豆这样的孩子经常是父母口中不懂事的孩子，家长们会认为他们非常自私，不会去让着别人。但是，家长们不能因为老大不让着老二，就去否定他的品质，就去否定他不爱老二，他们只是在用自己的方式维护自己的权益，用自己的方式向父母挑战。他们不让着老二也不意味着他们不爱老二，他们可以用别的方式去爱老二。

男男就是这样的一个孩子，他是大家眼中的小暖男，非常关心别人，尤其是对自己的妹妹，经常陪着自己的妹妹玩。妹妹小的时候，他会在沙发上给妹妹搭建一个安全的小窝，防止妹妹掉下来。当妹妹哭闹的时候，他也会想尽各种办法去逗妹妹开心。即使是这样喜欢妹妹的他却也不会刻意让着妹妹，对于自己喜欢的东西从来不让妹妹碰，而妈妈也不会让男男总是让着妹妹。这样的教育方式让兄妹两个相处得非常融洽，而且个性都很独立。妹妹不会无理取闹，也不会总是想着要哥哥的东西，哥哥也不会在父母的压力下委曲求全让着妹妹。

对于家里有两个孩子的家长来说，不要总是让老大去让着老二，应该平等对待每一个孩子，客观地去处理两个孩子之间的关系。

> **给家长的话**
>
> 每个孩子都是平等的，虽然老大比老二大了几岁，但是不应该承担过多的责任，不应该总是去让着别人，如果总是去让着小的，就会让老大失去自我，对于老二来说，可能会养成依赖的习惯。

有了老二之后,应给老大同样的爱

🎵 **宝妈**:小儿子现在四个多月,看着胖嘟嘟的小家伙,全家人都非常高兴,但是大女儿感觉自己被冷落了,总是非常不开心。看到女儿不高兴了,心里真不是滋味,虽然想做到给每个孩子同样的爱,但是无奈力不从心。这到底该怎么办才好呢?

这在两个孩子的家庭中是非常常见的现象,虽然爸爸妈妈给予了两个孩子同样的物质生活,但是却忽略了对于老大的精神上的照顾。当老大看到妈妈总是抱着弟弟或妹妹的时候,就会感到自己被冷落,感觉自己不再那么重要,这个时候就会产生抑郁的情绪,这对孩子的影响是非常大的。所以,当家里出现了老二的时候,千万不要忽略老大的情绪,要多给老大一些关心和关怀。

小梅有一个刚刚上小学的儿子,又有一个上幼儿园的小女孩儿,儿女双全让小梅非常幸福。

但是,随着两个孩子年龄的增长,矛盾也越来越激烈,两个人碰到一块也经常是"鸡飞狗跳"。

有一天,哥哥正在吃冰淇淋,妹妹走过来二话没说就抢走了。哥哥非常生气,就对妹妹说:"你为什么抢我的冰淇淋?"

妹妹不以为然地说:"我也想吃。"

哥哥:"你想吃,你自己不会去拿吗?"

妹妹:"我就想吃你的。"

哥哥:"你把冰淇淋还给我。"

妹妹:"就不给你,看你能怎么样?"说着还朝哥哥做了个鬼脸。

哥哥想要把冰淇淋抢过来,在拉扯的过程中,哥哥不小心将妹妹推倒在了地上。妹妹坐在地上哇哇大哭了起来。小梅听到女儿的哭声,就赶紧过来了。

小梅:"妹妹怎么哭了啊?"

哥哥:"她抢我的冰淇淋。"

小梅:"她想要吃你就给她呗,怎么说她也是你的妹妹,你是哥哥,让着点妹妹呀。"

说着,妈妈扶起了摔倒在地上的妹妹,并且对妹妹说:"快快别哭了,妈妈去给你买好吃的,我们不吃冰淇淋了好不好?"

妹妹:"我不要给哥哥买。"

妈妈:"不给哥哥买,只给宝宝买。"

看着妈妈和妹妹的背影,哥哥委屈地哭了起来。

专家解读:

这是很多二胎家庭都会面临的问题,当家里的老二出生的时候,由于爸爸、妈妈忙着照顾他们,就会忽略家里的老大。受到忽略的老大就会认为爸爸、妈妈不爱自己了,就会出现抑郁的心理。

抑郁是一种持久、忧伤的情绪,通常情况下都会发生在长期处于高度工作、生活压力的人身上,也就是说只有压力大的人才会出现抑郁的症状。而本应该无忧无虑的小朋友身上出现了抑郁的状况,我们就应该知道他们身上的压力有多大了。

也许有爸爸、妈妈会问了,小孩子有什么压力呢?小孩子也有我们想象不到的压力。如,当老二到来的时候,他们就会担心自己的地位会受到影响,会担心爸爸、妈妈不再爱他们,这些担心都在无形当中形成巨大的压力,尤其是在爸爸、妈妈"偏向"弟弟、妹妹的时候,这种压力就会更加明显,也就会产生抑郁的心理,他们就会变得闷闷不乐,爱发脾气,逃学或者是欺负弟弟、妹妹,想要通过这些异常的行为来引起爸爸、妈妈的注意。

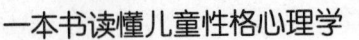

每个孩子在成长的道路上都需要父母的关爱，同样都是小孩子，同样都需要爸爸、妈妈的爱。所以，当老二到来的时候，让两个孩子得到同样的爱，应该是每个爸爸、妈妈都应该思考的问题，在忙着照顾老二的时候，也需要时时注意老大的心理建设。

爸爸、妈妈对于每个孩子的爱都是一样的，只是表现方式不一样。当老二出生的时候，爸爸、妈妈会给予老二多一些外在的关心和照顾，对老大的关注就会相对减少，但是这并不代表爸爸、妈妈就不爱老大了，只是外在的爱没有那么明显而已了。可是小孩子的感受是直接的，是不会用心去体会这种含蓄的爱。所以，对于老大的心理建设，爸爸、妈妈还是需要多下一些工夫的。那么爸爸、妈妈应该如何做好老大的心理建设呢？

父母应该直接一些，不要将对于老大的爱埋在心底，应该让老大也能够时时刻刻感受到自己的爱。让老大能够随时随地听到、看到、触摸到父母的爱。爸爸、妈妈应该在照顾老二之余，也多抱一抱老大，亲一亲老大，经常对自己的孩子说"我爱你"，让孩子时时刻刻都能感受到父母的爱。当孩子们产生矛盾的时候，家长们也不要总是护着小的，要公平对待，如果出现了不公平的对待，要及时给孩子做出解释，不要让孩子认为让着老二是理所应当的事情。家长们要用实际行动传达出对两个宝宝无限的爱，让老大、老二都能感受到来自于父母内心的温暖、内心的爱。

爸爸、妈妈还可以让老大适当地为老二做一些事情，比如帮老二穿袜子、换尿布，或者是一个简单的拥抱或亲吻，让老大体会到作为哥哥、姐姐的自豪，让他们体会到照顾小宝宝的乐趣。

给家长的话

孩子只有在爸爸、妈妈爱的包围下才会成为天使，所以要想让老大能够爱老二，就要给予老大足够的爱，不能够因为他是老大就减少了对他的爱，也不要因为他是老大，就应该理所应当地让着弟弟、妹妹。无论是老大还是老二，都应该获得同样的关爱。